化学工学会【編】 相良 紘【著】

化学工学のための
数学の使い方

丸善出版

はじめに

　本書は，公益社団法人化学工学会の会誌「化学工学」（2012 年 7 月〜2014 年 2 月）に連載された記事『数学を知れば化学工学がわかる』に，加筆・修正を行い，書名と章タイトルを変更したものである．ただし，単行本として再編集するにあたっては，連載記事の中で扱っている化学工学の内容とそれに関連する数学手法の理解がより一層深まり，しかも苦手な数学の学び直しにもなるように，演習とその詳解を追加した．

　連載記事の執筆を引き受ける際には，テーマと内容に対する制約がまったくなかったので，同じ職場に籍をおいてきた旧知の友人たち（ケミカルエンジニア OB）との会話の中でしばしば話題になっていた，山積する現実の課題を技術的に解決するために化学工学はどのように対応すべきか，化学工学を専攻して実務に就いた若手技術者のモラルを高めるにはどうすべきか，などを参考にして，次のような視点から内容と構成を決めた．① 従来からの（古典的な）化学工学を基本に立ち返って眺められること，② 若手の技術者や研究者が数学の実用性と面白さを紙面上で体験かつ復習できること，③ 系統的・定量的な問題解決を図る化学工学にとって重要かつ不可欠なツールが数学だと理解できること．

　このような視点で連載記事を書き進めた結果，①については，私の力量不足から書き足らないところも多々あったが，②と③に関しては，化学工学会会員諸兄の反響も数多くあって，ある程度目的を達成できたのではないかと思っている．

　というわけで本書の意図するところは，化学工学にとって重要かつ不

可欠な武器が数学だということを，化学工学的にモデル化した課題を解きながら認識してもらうことと，数学の実用性と面白さ・難しさを紙面上で体験しながら学び直してもらうことにある．

そして，内容は18の話題で構成され，1話ごとに完結する連作形式になっている．したがって，関心のある話だけを拾い読みすれば事足りるが，数学については高校で学ぶ基礎数学から順次，数学の知識を積み上げる書き方をしてあるため，できれば第1話から通して読み進めていくことを勧めたい．

なお，本書では化学工学と数学を同時並列的に扱っている．そのため，化学工学ではどんな数学手法が必要になるかを知ることはできるが，化学工学と数学を単独に体系的に学ぶことはできない．この点が本書の欠点といえば欠点である．

本書のもとになった連載記事『数学を知れば化学工学がわかる』は，2011年度，12年度化学工学誌編集委員長の井村晃三氏（元日揮株式会社）と副委員長の伊東章氏（東京工業大学）の企図によるものであり，同誌編集委員の渡邉嘉之氏（日揮株式会社）には記事の内容を子細かつ適切に校閲していただいた．また，単行本の編集と出版に際しては，化学工学会編集課の松井幸彦氏ならびに丸善出版株式会社企画・編集部の熊谷現・東條健の両氏にご尽力いただいた．お世話になった方々に深甚の謝意を表したい．

2014年　向暑

相　良　紘

目　　次

第1話　分数と指数はあなどれない化学工学の基本 ………… 1
1.1　単位と分数・指数　1
- 単位は物理量の顔と姿・形を表している
- 単位の換算は分数に直したほうがわかりやすい
- 単位の表し方には繁分数形もある？

1.2　繁分数式・比例式と物質移動係数　4
- 二重境膜説のおさらい
- 境膜物質移動係数と総括物質移動係数の関係を導く

第2話　物質の状態を簡潔な表現に導く対数と逆関数 ………9
2.1　対数と蒸気圧式　9
- 対数の表記が数学系と工学系で異なっていて紛らわしい
- 蒸気圧の式には常用対数表示と自然対数表示が混在する

2.2　逆関数と理想気体の状態方程式　13
- 対数関数と指数関数は逆関数の関係にある
- ボイル-シャルルの法則は逆関数の考えから導ける

第3話　現象をスマートに式化する恒等式に基づく次元解析 ……… 17
3.1　次元と次元式　18
3.2　恒等式と次元解析　18
- 真空中を落下する物体の距離を求める式を導く
- 水中に発生させた液滴の径を求める式を導く
- 無次元化された境膜伝熱係数を求める式を導く

第4話　面倒な解析と計算には行列と行列式が便利 ………… 25
4.1　行列とその利用　25
- 複合反応の量論式が独立なのか従属なのかを見分ける
- 棚段型の向流ガス吸収塔を解析する

4.2　行列式とクラメル法　32
- クラメル法はせいぜい四元連立一次方程式まで

第5話　微分は事象を解析するための出発点 ……………… 36
5.1　導関数の性質と微小量　36
- 導関数の公式は左から右に向かって使うだけじゃない
- 微小量どうしの積はより微小量なので無視できる
- 質の異なる物理量の変化量が同居する場合もある

5.2　偏微分と全微分　42
- 長方形の面積は最も簡単な二変数関数である
- 単蒸留の解析をもう一度

第6話　空間を移動する物理量は向きを持つベクトル ……… 46
6.1　ベクトルと速度　46
- 流束はベクトルである

6.2　ベクトル場とスカラー場　50
- 濃度の分布には向きはない
- 温度は時間とともにジワッと変化する
- 流体はとぎれることなく流れる

第7話　移動現象の解析に不可欠な関数の近似 …………… 56
7.1　マクローリン展開とテイラー展開　56
- 溶液の沸点上昇を式で表す
- ある形の分数関数は簡単な割り算でべき級数が求まる

7.2　微分係数と差分近似　60

- 一次近似と二次近似の意味を感覚的に理解する
- 円筒缶に入れた塗料に含まれる溶剤が揮散する

第8話 物質と熱と運動量の移動を体現する三次元非定常式 ………… 66

8.1 物質移動を表す式　66

8.2 熱移動を表す式　69

8.3 運動量移動を表す式　70
- ナビエ-ストークスの運動方程式を導く

8.4 座標変換　73

第9話 双曲線関数で描かれる温度分布と濃度分布 ………… 77

9.1 双曲線関数　77

9.2 定数係数斉次線形二階微分方程式　78
- 放熱フィン内の温度分布を求める微分方程式をつくる
- 放熱フィン内の温度分布を式で表す
- 球形触媒内の濃度分布を求める微分方程式をつくる
- 球形触媒内の濃度分布を式で表す

第10話 装置制御の基軸となるラプラス変換 ………… 88

10.1 ラプラス変換とその基本法則　88

10.2 線形微分方程式とラプラス変換法　90
- 反応液中のCO_2濃度を求める微分方程式をたてて解く
- ラプラス変換法でCO_2の濃度分布を表す式を求める

10.3 装置制御と伝達関数　94
- 恒温槽の伝達関数と槽内温度の応答を求める

10.4 フィードバック制御と伝達関数　97
- 調節計の伝達関数を求める

第11話 流動解析のベースはナビエ-ストークスの運動方程式 ………… 100

- 二次元ポアズイユ流れを表す微分方程式をつくる
- 二次元ポアズイユ流れの式を導く
- 二次元クエット流れの式を導く
- ハーゲン-ポアズイユ流れを表す微分方程式をつくる
- ハーゲン-ポアズイユ流れの式を導く
- 直交座標系でハーゲン-ポアズイユ流れの式を導く

第12話 非定常現象の解析が得意な偏微分方程式 ………… 110

12.1 一次元拡散方程式　110
12.2 ラプラス方程式　112
12.3 一次元波動方程式　112
- つま弾かれた弦に働く力を求める

12.4 偏微分方程式の無次元化　115
12.5 偏微分方程式の解析的解法　117
- 変数分離法で解く
- 変数結合法で解く

第13話 分子の運動と拡散に関係深いガウス積分と誤差関数 ………… 122

13.1 ガウス積分と気体分子の運動　122
- 気体分子があらゆる速度をとる確率は1である
- 空間を飛びまわる気体分子の平均速度を求める
- 理想気体の内部エネルギーは温度に比例する

13.2 誤差関数と物質の拡散　129
- 半無限領域を物質が拡散で移動する

第14話 拡散や振動現象を表すキーとなるフーリエ級数 ………… 134

14.1　重ね合わせの原理　134
14.2　周期 2π の関数のフーリエ級数　135
14.3　一般の周期関数のフーリエ級数　137
　　■　両面温度が急変したときの平板内温度変化を表すには
　　■　平板内温度変化を表す式を求める
　　■　切り餅をオーブントースターで焼く

第 15 話　フーリエ変換は波動方程式などを解く有力な手段 …… 146

15.1　フーリエ変換と反転公式　147
15.2　フーリエ変換の種類と性質　148
　　■　一端が固定されている弦の振動を求める
　　■　両端が固定されている弦の振動を表すには
　　■　弦の振動を表す式を求める

第 16 話　円筒物の伝熱解析を支えるベッセル関数 ………… 158

16.1　ベッセル微分方程式と級数解の係数　159
16.2　ベッセル微分方程式の一般解とベッセル関数　161
16.3　ベッセル関数の性質　162
　　■　側面温度が急変したときの円柱内温度変化を表すには
　　■　円柱内温度変化を表す式を求める
　　■　缶ビールを冷蔵庫で冷やす

第 17 話　拡散方程式を数値計算に導く差分方程式 ………… 173

17.1　偏導関数の差分近似と差分式の表現　174
17.2　差分方程式　175
17.3　シュミット法による数値解法　176
　　■　切り餅が焼けるまでの時間を計算する
17.4　円柱座標系に対するシュミット法　179
　　■　缶ビールが冷えるまでの時間を計算する

最終話　数学の厳密さとグレーゾーンのある化学工学 ……… 184
- 数値の複雑さと関数の値の簡単さ
- 十分大きいことと無限大とは違う
- 数学にはグレーゾーンがない
- 数値積分と微分方程式の数値解法を復習する
- シンプソン法とルンゲ-クッタ法の着地点は同じ

演 習 解 答　194
索　　　引　205

第1話

分数 と 指数 はあなどれない
化学工学の 基本

　読者の中には，数学は得意としているが再度学び直してみたいと思っている方も多いだろう．また，化学工学はある程度学んだけれども，数学に苦手意識を持っている方も少なくないかもしれない．いずれの読者も，まずは初学者に戻ったつもりでお付き合いいただきたい．

1.1　単位と分数・指数

　フルスイングしたイチロー選手の打球が「150」飛んだ．石川遼選手のティーショットはミスしてしまって「150」だった．ボールの飛距離はどちらが出たのだろう．「150」には単位が付いてないし，野球では距離（長さ）の単位としてメートル [m] が使われ，ゴルフではグリーン上を除いてヤード [yd] が使われる．「150」だけでは比較のしようがない．

■　単位は物理量の顔と姿・形を表している

　長さを [m] で表そうが [yd] で表そうが，単位系の選択はまったく任意である．ところが，国や業界，工学や理学の分野で使用する単位系が異なるのは煩雑だし，データの有効な利用の妨げにもなる．そのような背景から，SI（国際

単位系）が制定（日本では1993年に正式採用）されている．

　私たちが家庭や学校や会社などで日常用いている物理量のうち，「一つ」，「二つ」，「三つ」……，と数えられるもの以外はすべて，"決められた特定の量に対してその何倍か"によって表される．単位とは"基準となるべく決められた特定の量"のことで，いまさらいうまでもないが，国際単位系（SI）では長さとして [m]，質量として [kg]，時間として [s]，それに [mol]，[K]，[A]，[cd]（光度カンデラ）が基本単位として用いられている．

　物理量の単位の書き方だが，たとえば質量流束（流れの速さの流速ではない）を基本単位で表現すると，正式には指数形表示の [kg·m^{-2}·s^{-1}] となり，化学工学会でもこの書き方が規定されていた．もちろん，この表示法は数学的にも正しく，誤解の入り込む余地はない．しかし，私には分数形表示の [kg/m^2·s] のほうがシックリくる（厳密には [kg/(m^2·s)] と書くべきだが，慣用としてスラッシュの右側は一括して分母とみなすことが多い）．

　なぜシックリくるかといえば，分数形表示は物理量の顔と姿・形が見えるからである．質量流束は"単位断面積あたりの質量速度"あるいは"単位断面積・単位時間あたりの質量"と定義されるが，指数形表示ではそのイメージが伝わってこない．分数形表示のスラッシュの右側つまり分母が，この"……あたり"という意味をはっきりさせてくれる．

　くどいようだが，もう少し続ける．流体の流れる速さ，すなわち流速（分数形表示で [m/s]）は，単位断面積 [m^2]・単位時間 [s] あたりの流体の体積 [m^3]，すなわち体積流束のことだが，この体積流束の単位を分数形の [m^3/m^2·s] で表すほうが，指数形の [m^3·m^{-2}·s^{-1}] で表すよりも感覚的にわかりやすくないだろうか．

■ 単位の換算は分数に直したほうがわかりやすい

　単位を分数形で表したほうがわかりやすい（と私が感じる）のは，単位換算のときである．それを，化学工学で頻繁に現れる気体定数について示してみよう．その常用数値は 8.314 J·mol^{-1}·K^{-1}（= [kg·m^2·s^{-2}·mol^{-1}·K^{-1}]）だが，この値をいまでもよく使われる [L·atm·mol^{-1}·K^{-1}] に換算することにしよう．

　両者の単位の中の [mol^{-1}·K^{-1}] は同じだから，[kg·m^2·s^{-2}] を [L·atm] に

換算すれば目的達成ということになる．そこで，この二つの単位を眺めてみると，後者には体積を表す [L] が入っているので，前者の単位の中に体積を表す項（つまり [m³]）をつくればよいはずだ．これからが分数の出番である．

$$\left[\frac{\mathrm{kg} \cdot \mathrm{m}^2}{\mathrm{s}^2}\right] = \left[\frac{\mathrm{kg} \cdot \mathrm{m}^3}{\mathrm{m} \cdot \mathrm{s}^2}\right] = [\mathrm{m}^3]\left[\frac{\mathrm{kg}}{\mathrm{m} \cdot \mathrm{s}^2}\right]$$

ここで，$[\mathrm{m}^3] = 10^3[\mathrm{L}]$，$\left[\dfrac{\mathrm{kg}}{\mathrm{m} \cdot \mathrm{s}^2}\right] = [\mathrm{Pa}] = \dfrac{1}{1.01325 \times 10^5}[\mathrm{atm}]$ だから，

$$[\mathrm{m}^3]\left[\frac{\mathrm{kg}}{\mathrm{m} \cdot \mathrm{s}^2}\right] = 10^3[\mathrm{L}]\frac{1}{1.01325 \times 10^5}[\mathrm{atm}] = \frac{1}{1.01325 \times 10^2}[\mathrm{L} \cdot \mathrm{atm}]$$

となるので，結局次のようになる．

$$8.314[\mathrm{J} \cdot \mathrm{mol}^{-1} \cdot \mathrm{K}^{-1}] = 8.314 \times \frac{1}{1.01325 \times 10^2}[\mathrm{L} \cdot \mathrm{atm/mol} \cdot \mathrm{K}]$$
$$= 0.08205[\mathrm{L} \cdot \mathrm{atm} \cdot \mathrm{mol}^{-1} \cdot \mathrm{K}^{-1}]$$

「なんだ，指数形で換算したって同じじゃないか」，という読者も多いかもしれないが，私には上に述べたやり方のほうが合っている．そんなことだから，本書で用いる単位は分数形で表示する．

■ 単位の表し方には繁分数形もある？

単位の換算は数学でいう分数計算であり指数計算だから，分数式の扱いと指数法則が基本になる．ということで，単位を分数形で表しても指数形で表してもまったく同じなのだが，やや換算のしにくい（と私は思う）単位の書き方を教えている講義プリントに出くわしたので紹介しておこう．

ある大学の非常勤講師を引き受け，担当する化学工学の最初の授業が終わったときのことである．再履修の学生が「圧力の単位はこう書くんじゃないですか」，と前年度に配布されたというプリントを持ってきた．そのプリントを見れば，圧力の単位は [kg/m/s²] と書かれている．数学でいう繁分数式表示だ．

$100 \div 10 \div 2$ を Excel で計算するときには，たとえばセル「A1」，「A2」，「A3」にそれぞれ 100, 10, 2 を入れ，計算結果を表示するセルに「= A1/A2/A3」と入力する．なので，[kg/m/s²] が [(kg/m)/s²] ならば間違いではない．

だが，$[kg/m/s^2]$ を $[kg/(m/s^2)]$ だと見誤ってしまうとまったく異なる単位になるし，繁分数式表示では，さきに述べた"……あたり"の意味も判然としなくなってくる．

単位断面積 $[m^2]$・単位時間 $[s]$ あたりの運動量 $[kg\cdot m/s]$ のことを運動量流束 $[(kg\cdot m/s)/m^2\cdot s]$ というが，運動量流束の単位を繁分数形で表示する場合は $[kg\cdot m/s/m^2/s]$ と書くのだろうか．それとも，運動量流束はせん断応力だから圧力の単位と同じ $[kg/m/s^2]$ と書くのだろうか．それはともかく，$[kg\cdot m/s/m^2/s]$ と $[kg/m/s^2]$ が同じだということを確かめるには，分数に書き直さないとわかりにくい．

1.2 繁分数式・比例式と物質移動係数

繁分数式による紛らわしい単位の書き方を紹介したところで，話題を高校の数学で習った繁分数式と比例式に移すことにしよう．

繁分数式とは，ご存知のように"分数式の分子分母にさらに分数式を含んでいるもの"をいう．繁分数式を，分子分母に分数式を含まない普通の簡単な分数式に直すには，繁分数式の分子分母に同じ式をかければよいし，逆に，普通の分数式を繁分数式に変形するには，分数式の分子分母を同じ式で割ればよい．ということで，簡単な頭の体操をしていただこう．

演習 1.1

次の繁分数式を普通の簡単な分数式に直してみよう．

(1) $\dfrac{1}{x-\dfrac{1}{x+\dfrac{1}{x}}}$ (2) $1-\dfrac{1}{1-\dfrac{1}{1-\dfrac{1}{1-\dfrac{1}{x}}}}$ (3) $\dfrac{1}{x-\dfrac{1}{x-\dfrac{1}{x-\dfrac{1}{x}}}}$

比例式とは，

$$\frac{a}{b}=\frac{c}{d} \quad (a,b,c,d \text{ は } 0 \text{ でない})$$

のような等式のことをいう．比例式が条件式になっていて，その比例式から別

の等式を証明したり，式の値を求めたりするには，比例式を何か適当な記号，たとえば h とおき，比例式の中の記号や式を h におきかえて，与えられた等式や式に代入すればよい．ということなので，上の比例式から次の等式が成り立つ．

$$\frac{a}{b} = \frac{c}{d} = \frac{a+c}{b+d}$$

繁分数式や比例式は数学の世界だけではなく，このような式の性質と扱い方を知っておくと，化学工学の分野でも役に立つ場合が大いにある．その例を一つ示してみよう．

■ 二重境膜説のおさらい

話の流れがスムーズになるように，どの化学工学書にも記載されている「二重境膜説」を復習しておこう．

異なる二つの流体ⅠとⅡの接する界面を通して物質の移動が起こるとしたとき，物質移動の抵抗を境膜（界面近傍で移動抵抗の存在する部分）に局在させて考えると，図 1.1 に示すような仮想的な濃度分布が得られる．この部分が二重境膜である．

いま，物質移動流束を N [mol/m²·s] で表すと，N は物質移動の推進力（すなわち境膜両端の濃度差）に比例すると考えるのが自然なので，次のように表すことができる．

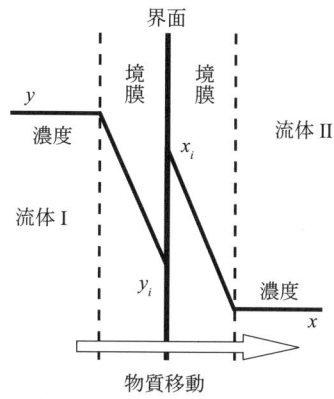

図1.1　二重境膜

$$N = k_\mathrm{I}(y - y_i) = k_\mathrm{II}(x_i - x) \tag{1.1}$$

ここで，比例定数 k_I と k_II はそれぞれ流体 I 側および II 側における境膜物質移動係数，y と x はそれぞれ流体 I 側および II 側の物質濃度（単位は任意だが [mol 分率] で表すことにしておこう）である．また，y_i と x_i は界面における濃度を示すが，界面では両流体は瞬時に平衡に達すると考えられるから，y_i と x_i の間には平衡関係が成立している．

二重境膜の概念を用いて物質移動流束を求める場合に問題となる点は，界面における濃度 y_i, x_i が測定できないことである．そのため，流体 I と II の本体間の濃度差 $(y - x)$ を物質移動の推進力としたいところであるが，これでは界面を挟んで性質の異なるものの差をとることになって意味がない．

そこで，流体 II 中の濃度 x と平衡な流体 I 中の濃度を y^*，流体 I 中の濃度 y と平衡な流体 II 中の濃度を x^* とおいて，推進力を $(y - y^*)$ あるいは $(x^* - x)$ で表すことにする．そうすると，式(1.1) は次のように書きかえられる．

$$N = K_\mathrm{I}(y - y^*) = K_\mathrm{II}(x^* - x) \tag{1.2}$$

ここで，比例定数 K_I と K_II はそれぞれ，流体 I 側境膜基準，流体 II 側境膜基準の総括物質移動係数と呼ばれる．

さて，境膜物質移動係数 k と総括物質移動係数 K の関係は，二つの流体（すなわち 2 相）の間の平衡関係が直線 $(y^* = mx, x^* = y/m)$ として表すことができ，界面における平衡関係も直線 $(y_i = mx_i)$ で表せると仮定するなら，

$$\frac{1}{K_\mathrm{I}} = \frac{1}{k_\mathrm{I}} + \frac{m}{k_\mathrm{II}} \tag{1.3}$$

$$\frac{1}{K_\mathrm{II}} = \frac{1}{mk_\mathrm{I}} + \frac{1}{k_\mathrm{II}} \tag{1.4}$$

となる．ただし，m は比例定数（平衡定数）である．

どのようにして式(1.3) と式(1.4) が導かれるのだろう．

境膜物質移動係数と総括物質移動係数の関係を導く

導くべき式が二つあるが，ここでは式(1.3) を導くことにしよう．

式(1.3) は K_I, k_I, k_II の逆数すなわち分数式になっているから，与えられた

式(1.1)，ならびに式(1.2)の最初の等式についても，K_I, k_I, k_II の逆数が含まれるように（つまり繁分数式になるように）変形することをまず考える．

$$N = \frac{y - y_i}{\dfrac{1}{k_\mathrm{I}}} = \frac{x_i - x}{\dfrac{1}{k_\mathrm{II}}} \tag{1.5}$$

$$N = \frac{y - y^*}{\dfrac{1}{K_\mathrm{I}}} \tag{1.6}$$

導くべき式(1.3)をさらに眺めてみると，$1/K_\mathrm{I}$ は $1/k_\mathrm{I}$ と m/k_II の和になっている．そこで，式(1.5)の2番目の等式の分子分母に m をかけて比例式の性質を利用し，界面における平衡関係 $y_i = mx_i$ を適用すると次式が得られる．

$$N = \frac{y - y_i}{\dfrac{1}{k_\mathrm{I}}} = \frac{m(x_i - x)}{\dfrac{m}{k_\mathrm{II}}} = \frac{y - mx}{\dfrac{1}{k_\mathrm{I}} + \dfrac{m}{k_\mathrm{II}}} \tag{1.7}$$

一方，二相間には平衡関係 $y^* = mx$ が成り立っているから，この関係を式(1.6)に代入すれば，

$$N = \frac{y - mx}{\dfrac{1}{K_\mathrm{I}}} \tag{1.8}$$

が得られ，式(1.8)と式(1.7)を対比すれば，

$$N = \frac{y - mx}{\dfrac{1}{K_\mathrm{I}}} = \frac{y - mx}{\dfrac{1}{k_\mathrm{I}} + \dfrac{m}{k_\mathrm{II}}}$$

となるので式(1.3)が導かれる．これで一件落着．

式(1.4)も同じような方法で導くことができる．読者の多くは「なんだ簡単じゃないか」と思われるだろうが，数学が不得手な人には，この際是非トライしていただきたい．

なんだか高校の数学の授業のようなつまらない話になってしまったが，こんな話題を取り上げたのは，高校の数学で数学として学んだ繁分数式や比例式が，化学工学の分野で重要な役割を果たしていることを知っていただきたかったからだ．

なお，ここで示した式(1.3)の導き方は唯一無二ではない．別の導出方法もあり，それについては触れないが，数式の導出や証明の方法は一通りではないということを，頭に入れておいていただきたい．

第2話

物質の状態 を簡潔な表現に導く
対数 と 逆関数

　ここでのメインテーマは対数である．対数を使う値としてまず思い浮かぶのは，高校の化学で学んだ「ペーハー（pH）」ではなかろうか．酸や塩基の水素イオン濃度 H^+[mol/L] は 10^0 から 10^{-14} まで非常に広い数値の範囲で変化する．そこで，水素イオン濃度の逆数の対数を pH と定義すれば，その値は 0 から 14 の範囲におさまってしまう．対数は数値を圧縮して表す"すぐれもの"だ．

　対数はまた，物質の蒸気圧式を表現したり化学反応を解析する際に必ず現れる．他方，対数関数と指数関数は逆関数の関係にあるが，逆関数を求める数学操作を使えば，理想気体の状態方程式を導くことができる．

2.1 対数と蒸気圧式

　a が 1 でない正の数のとき，どんな正の数 M に対しても $M = a^m$ を満たす実数 m がただ一つ存在する．この m のことを "a を底とする真数 M の対数" といい，

$$m = \log_a M$$

と表す．高校のときに習った対数の定義である．

底の a は2でも3でもどんな数でも構わないが，私たちが普段用いる数は10進法だから，10を底とする対数 $\log_{10} M$ が一般的に用いられる．この $\log_{10} M$ は日常用いる対数なので「常用対数」と呼ばれ，上で述べた pH は真数 M を水素イオン濃度の逆数で表した常用対数である．

　ついでにいえば，対数の底を任意の数や記号に統一したいときには，底の変換公式

$$\log_a b = \frac{\log_c b}{\log_c a} \quad \text{（ただし } a, b, c \text{ は正の数で，} a \neq 1, c \neq 1\text{）}$$

を適用すればよい．

■ 対数の表記が数学系と工学系で異なっていて紛らわしい

　関数の極限と微分を学びはじめると，なんだかよくわからない関数

$$\left(1 + \frac{1}{x}\right)^x$$

が突如出てくる．そして，この関数は $x \to \pm\infty$ のとき一定値（$= 2.718\,281\,82$ ……）に収束し，その極限値を"記号 e で表す"と教えられる．

　なぜ，このような e が現れたかというと，e を底とする対数 $\log_e M$ の微分（すなわち導関数）が，微分の定義に従って簡単に，しかもすっきりした形で求まるからだ．たとえば，$\log_e M$ の導関数が $1/M$ となるように．

　10を底とする常用対数に対して，e を底とする対数は自然現象をうまく表現できることから「自然対数」と呼ばれ，数学系では通常 e を省略して $\log M$ と書く．すなわち，数学系において常用対数は $\log_{10} M$，自然対数は $\log M$ なのである．

　ところが，工学，理学系では一般に，常用対数を $\log M$，自然対数を $\ln M$ と表記している．紛らわしいこと甚だしい．親切な化学工学書には注釈が付いているのだが，注釈なしで当然のごとく log と ln を使い分けている理工学書がほとんどだ．

　なお，上に記した底の変換公式を用いると，自然対数と常用対数の間に次の関係が得られる（この関係については，最終話のはじめの部分で再び述べることにしよう）．

$$\log_e M = \frac{\log_{10} M}{\log_{10} e} \fallingdotseq \frac{\log_{10} M}{\log_{10} 2.7182} \fallingdotseq \frac{\log_{10} M}{0.4342} \fallingdotseq 2.303 \log_{10} M$$

■ 蒸気圧の式には常用対数表示と自然対数表示が混在する

物質の蒸気圧 P を表す式としてよく用いられるのが，以下に示すアントワン（Antoine）式とクラウジウス-クラペイロン（Clausius-Clapeyron）の蒸気圧式である．

アントワン式： $\log_{10} P = A - \dfrac{B}{t + C}$

$\qquad$（A, B, C は定数，$t[℃]$ は温度）$\qquad\qquad$(2.1)

クラウジウス-クラペイロンの蒸気圧式：

$\log P = A - \dfrac{B}{T}$ $\quad$（A, B は定数，$T[K]$ は温度）$\qquad$(2.2)

ただしここでは，対数は数学系の表記である（第3話以降では，対数が出てきたときには工学系で表記する．お忘れなく！）．

なぜアントワン式が常用対数で，クラウジウス-クラペイロンの蒸気圧式が自然対数なのかといえば，前者は経験式であって提案されたのが 1888 年と古く，後者は理論式だからである（と私は理解している）．これだけではピンとこないだろうから，数式を交えて詳しく説明することにしよう（追記：さきに書き述べたように，自然対数と常用対数は簡単に変換できるので，アントワン式を自然対数で表す場合もある）．

〈アントワン式〉

蒸気圧データから定数 A, B, C を決めるとき，現在なら Excel の「ソルバー」アドインや「VBA」による数値計算（非線形最小2乗法あるいは最適化法）を使えば瞬きする間もなく結果が得られる．

ところがコンピュータが十分に発達していない 19 世紀の後半は，グラフ上で定数を決めるのが主流になっていて，グラフ用紙として対数方眼紙がよく使われた．そんなわけで，対数方眼紙が使えるような式にしておく必要があり，それには常用対数のほうが便利だったのであろう．

グラフ上で定数 A, B, C を決める方法について以下に書いてみよう．

アントワン式(2.1)を t で微分すると，微分の公式に従って次式が得られる．

$$\frac{\mathrm{d}(\log_{10} P)}{\mathrm{d}t} = \frac{B}{(t+C)^2} \tag{2.3}$$

ここで，式(2.3)の左辺を次のように n とおく．

$$\frac{\mathrm{d}(\log_{10} P)}{\mathrm{d}t} = n \tag{2.4}$$

そうすると式(2.3)は，$n = \dfrac{B}{(t+C)^2}$ となってこれを変形すれば，

$$t = -C + B^{1/2}\left(\frac{1}{n^{1/2}}\right) \tag{2.5}$$

が得られる．

そこでまず，半対数方眼紙にプロットした t 対 P のグラフから図上微分（引いた接線の傾き）により t 対 n の関係を求め（式(2.4)の n が得られる），次いで普通方眼紙に t 対 $(1/n^{1/2})$ をプロットすれば，切片の値として式(2.5)の C が決まる．C の値が決まってしまえば，半対数方眼紙に $1/(t+C)$ 対 P をプロットすることによって，切片から A が，傾きから B が決まる．

アントワン式が常用対数で表される理由が納得いただけたであろうか．

〈クラウジウス–クラペイロンの蒸気圧式〉

物質がある温度 T と圧力 P のもとで気相と液相の状態で共存するとき，"各相のギブズ（Gibbs）自由エネルギーは等しい"，と相平衡の熱力学が教えてくれる．ここで温度と圧力を少しだけ変化させると，両相のギブズ自由エネルギーも少しだけ変化し，熱力学でよく使われる次のクラペイロンの式が導かれる（途中の過程は熱力学書に任せる）．

$$\frac{\mathrm{d}P}{\mathrm{d}T} = \frac{\Delta S}{\Delta V} \tag{2.6}$$

ここで，ΔS と ΔV はそれぞれ，物質が液相から気相へ変化するときのエントロピー変化と体積変化を表している．ΔS は蒸発にともなうエントロピー変化だから，蒸発熱 H^{v} を用いて $\Delta S = H^{\mathrm{v}}/T$ と表せる．また液相の体積は気相の体積に比べて無視でき，気相は理想気体（このあとに記すように $PV = RT$）だと仮定すれば $\Delta V = RT/P$ と表せる．

したがって，式(2.6) は次のようになる．

$$\frac{dP}{dT} = \frac{H^v P}{RT^2} \quad (R は気体定数) \tag{2.7}$$

式(2.7) をクラウジウス-クラペイロンの式といい，この式を解いてやれば T と P の関係すなわち蒸気圧式が得られる．

クラウジウス-クラペイロンの式(2.7) は，微分方程式として最初に学ぶ「変数分離形微分方程式」だから，変数 P と T に分離してそれぞれの項を公式に従って積分すれば，積分は微分と表裏一体なので自然対数が現れる．

$$\log P = -\frac{H^v}{RT} + C \quad (C は任意定数) \tag{2.8}$$

ここで，$C = A$, $H^v/R = B$ とおけば，クラウジウス-クラペイロンの蒸気圧式(2.2) が得られる．

ということで，熱力学に基づく理論式から導かれるクラウジウス-クラペイロンの蒸気圧式は，自然対数で表現されるのである．

2.2　逆関数と理想気体の状態方程式

逆関数とはどんな関数のことをいうのだろうか，まずは簡単に整理して書き記しておこう．

変数 y が変数 x の関数であるとき $y = f(x)$ と書き，x を関数 $y = f(x)$ の独立変数，y を従属変数という．関数 $y = f(x)$ において変数 y の値に対して変数 x の値が定まるなら，x は y の関数だと考えることができる．これを $x = g(y)$ と表し，ここであらためて，独立変数を x，従属変数を y と書き直せば，新しい関数 $y = g(x)$ が得られる．この関数 $y = g(x)$ を "$y = f(x)$ の逆関数である" という（$y = f(x)$ は $y = g(x)$ の逆関数でもある）．たとえば，二次関数 $y = x^2$ ($x \geqq 0$ のとき $y \geqq 0$) と無理関数 $y = \sqrt{x}$ ($x \geqq 0$ のとき $y \geqq 0$) は逆関数である．

それでは，逆関数のつくり方をマスターする意味で，次の演習にチャレンジしていただこう．

演習 2.1

次の関数の逆関数を求めてみよう．

(1) $y = -\sqrt{x}$ (2) $y = \sqrt{x+2}$

(3) $y = \dfrac{x-1}{x+1}$ (4) $y = \dfrac{3-4x}{x-2}$ $(x > 2)$

■ 対数関数と指数関数は逆関数の関係にある

下記の式で表される独立変数 x の関数を，"e を底とする対数関数" という．

$$y = \log_e x \tag{2.9}$$

さきに書き記した対数の定義に従って式(2.9) を指数で表すと，

$$x = e^y \tag{2.10}$$

なる関数が得られ，ここで独立変数 y と従属変数 x を入れかえれば，

$$y = e^x \tag{2.11}$$

となる．この関数を "e を底とする指数関数" という．

このような変換から，対数関数 $y = \log_e x$ と指数関数 $y = e^x$ は逆関数の関係にあり，微分と積分の関係と同じように，"切っても切れない関係にある" ことが理解できる．

化学反応の進行や放射性物質の崩壊は e を底とする対数関数の描く曲線に従い，バクテリアの集団の成長などは e を底とする指数関数の描く曲線に従うことが知られている．そのため，化学工学では自然対数で表される対数関数とともに，e を底とする指数関数も頻繁に出てくる．なので，数学系ではあまり用いないが，理工学系では指数関数 $y = e^x$ を次のように書き表すことも多い．

$$y = \exp(x)$$

ここで，exp とは exponential function（指数関数）を意味しており，Excel でも組み込み関数として EXP (x) が登録されている．

余談だが，関数電卓の [EXP] は "10 のべき" を表している．たとえば 2.3×10^3 の値を計算するとき，2.3 → [EXP] → 3，と順に入力して [＝] を押

すと，表示窓に 2300 が現れる．

■ ボイル-シャルルの法則は逆関数の考えから導ける

指数関数は対数関数を関数変換したものである．関数変換とは"ある関数を別の関数に変換するための数学的操作"をいい，"何らかの一意性を持つ二つの関数の組をつくる"ことである．あとに出てくるラプラス（Laplace）変換とフーリエ（Fourier）変換がその代表だが，関数変換の考え方に従えば，微分や積分も，またいままで述べてきた逆関数を求める操作も関数変換だといえる．

このような逆関数を求める数学的テクニックを使うことによって，ボイル-シャルル（Boyle-Charle）の法則すなわち理想気体の法則（さらにいいかえれば理想気体の状態方程式）が導ける．その手順を以下に紹介することにしよう．

絶対温度 T が一定のとき，気体の圧力 P とその体積 V は反比例することが知られている．これがボイルの法則であり，次式で表される．

$$PV = C_1 \tag{2.12}$$

ただし，C_1 は温度によって決まる定数，つまり C_1 は温度 T の関数 $C_1 = C_1(T)$ である．

一方，圧力 P が一定のとき，気体の体積 V は温度 T に比例することが知られている．これがシャルルの法則であり，次式で表される．

$$\frac{V}{T} = C_2 \tag{2.13}$$

ただし，C_2 は圧力によって決まる定数，つまり C_2 は圧力 P の関数 $C_2 = C_2(P)$ である．

ボイルの法則とシャルルの法則から，次のボイル-シャルルの法則

$$\frac{PV}{T} = C \quad (一定) \tag{2.14}$$

が得られる．なぜ式(2.14)が得られるかといえば，次のとおりである．

式(2.13)の定数 C_2 は圧力の関数だから，式(2.13)の意味するところは V/T が圧力 P の関数だということである．したがって，逆関数が存在するこ

となり，P は次のように表すことができる．
$$P = g\left(\frac{V}{T}\right) \tag{2.15}$$
この P を式(2.12) に代入すれば，
$$g\left(\frac{V}{T}\right) = \frac{C_1(T)}{V} \tag{2.16}$$
となり，これより式(2.16) を満たす $C_1(T)$ は，
$$C_1(T) = CT \quad (C \text{ は定数}) \tag{2.17}$$
しかあり得ないことになる．

なぜならば，$V/T = x$ とおくと式(2.17) が成り立つときにのみ，式(2.16) は $g(x) = C/x$ となって x の関数になるからである．疑問に思う方は適当に思いついた式（CT^2 や C/T など）で試していただきたい．

このような考えで得られた式(2.17) と式(2.12) からボイル-シャルルの法則（式(2.14)）が導けるのである．

さて，気体 1 mol の体積は，0°C（= 273.15 K），1 atm（= 1.01325 × 10^5 Pa）の条件下では，気体の種類によらず 22.41 L（= 22.41 × 10^{-3} m^3）である．この事実に基づいて，気体 1 mol に対するボイル-シャルルの法則，すなわち式(2.14) の定数 C を求めると，
$$C = \frac{(1.01325 \times 10^5)(22.41 \times 10^{-3})}{273.15} = 8.314 \,[\text{Pa}\cdot\text{m}^3/\text{mol}\cdot\text{K}]$$
$$= 8.314 \,[\text{J/mol}\cdot\text{K}]$$
となる．これは，第1話の単位換算のところで例にあげた気体定数である．

この数値を C ではなく R（ラテン語の"定数を意味する *ratio*"の頭文字だという説が有力）で表すなら，当然のことながら n mol の気体に対しては，PV/T の値は nR となるので，
$$PV = nRT \tag{2.18}$$
が成り立つ．私たちがよく目にし，また頻繁に活用する「理想気体の状態方程式」である．

第3話

現象をスマートに式化する
恒等式に基づく 次元解析

　水のような流体の流れには，流速の遅い層状の流れと流速の速い乱れた流れがあり，前者を層流，後者を乱流という．流体の流れが層流なのか乱流なのかを見分ける指標としてレイノルズ（Reynolds）数がある．レイノルズ数は流体の平均流速，密度と粘度，流れの規模を示す代表長さ（円管ならば直径）を組み合わせた次元のない量（無次元積という）である．

　無次元積を求める手段に次元解析がある．次元解析とは"考えている現象に関係しそうな物理量の間に成り立つ関係式を推測する方法"であり，数学でいう恒等式をたてて解くことに相当し，恒等的に成り立つ関係式の係数や指数は未定方程式（方程式の数よりも未知数の数のほうが多い連立方程式）を解いて明らかにされる．

　ここでの話題は恒等式と未定方程式がベースになっている次元解析であるが，次元解析という手法を使えば，熱交換器のような伝熱装置を設計する際に必要となる境膜伝熱係数や，吸収塔などの分離装置を解析するときの基礎となる境膜物質移動係数の相関式が導ける．

3.1 次元と次元式

　山の高さと海の深さは，同じ巻き尺で測ることができる．人間の体重と象の体重も，少し細工をすれば同じ天秤で量ることができる．それでは，山の高さと象の体重はどちらが大きいだろうか．話が食い違うときに「あなたと私の考えてる次元が違うので議論にならない」とよくいうように，山の高さと象の体重は次元が異なるので比較のしようがない．山の高さは「長さ」で，象の体重は「重さ」だからだ．

　次元とは"いろいろな物理量の種類を区別するためのもの"であり，化学工学で扱う物理量の次元のほとんどは，「長さ」と「質量」と「時間」と「温度」で表すことができる．よって，これらの次元を基本次元という．

　これに対して単位とは，第1話で述べたように"基準となるべく決められた特定の量"のことであり，基本次元を持つ物理量の単位を基本単位というのである．なんだか同じことをいっているような気もするが，次元と単位とは対応関係にあるものの，本来は"別物(べつもの)"なのである．

　基本次元の「長さ」，「質量」，「時間」を次元の記号 [L]，[M]，[T] で代表させると，面積は（長さ）×（長さ）だから $[L^2]$，速度は（長さ）÷（時間）だから $[L \cdot T^{-1}]$，加速度は（速度）÷（時間）だから $[L \cdot T^{-2}]$，力は（質量）×（加速度）だから $[M \cdot L \cdot T^{-2}]$，圧力は（力）÷（面積）だから $[M \cdot L^{-1} \cdot T^{-2}]$ と表現される．このような表現式を次元式といい，記号の指数を"基本次元の次元"という．単位を指数形で表示するのと同じだ．

3.2 恒等式と次元解析

　恒等式とはどのような等式のことをいい，恒等式を満たす必要十分条件は何か．高校に入ったばかりの頃を思い出していただこう．

　二つの式 $f(x)$ と $g(x)$ があって，変数 x にどんな数値を代入しても同じ値が得られるとき，"$f(x)$ と $g(x)$ は恒等的に等しい"といい，$f(x) = g(x)$ と書く．そして，恒等的に等しいことを表す等式を「恒等式」という．

$f(x) = ax^2 + bx + c$, $g(x) = ux^2 + vx + w$ が変数 x について恒等式

$$ax^2 + bx + c = ux^2 + vx + w$$

が成り立つための必要十分条件は, $a = u$, $b = v$, $c = w$ である.

一般に $f(x)$ と $g(x)$ が n 次多項式であっても, 分数式, 指数式であっても同じことが成り立つ.

> **演習 3.1**
>
> 次の等式が x についての恒等式になるように, 定数 a, b, c, d の値を定めてみよう.
>
> (1) $x^4 = (x-1)^4 + a(x-1)^3 + b(x-1)^2 + c(x-1) + d$
>
> (2) $x^3 - 2x^2 + 3x + 4 = a(x-2)^3 + b(x-2)^2 + c(x-2) + d$
>
> (3) $\dfrac{x^2 - 15x + 2}{(2x+1)^2(x^2+3)} = \dfrac{a}{(2x+1)^2} + \dfrac{b}{2x+1} + \dfrac{cx+d}{x^2+3}$
>
> 追記：(3) のような分数式の展開を"部分分数に分解する"という（部分分数に分解する事例は第 10 話で出てくる）.

次元解析の輪郭についてはさきに述べたが, もう少し付け加えておこう. 次元解析は"ある現象に関与する物理量の間に理論的関係式が成り立つとすれば, その関係式は次元的に健全である"という原理に基づいている. なので次元解析では, "仮定してつくった関係式の両辺の基本次元の次元が同じである"として, 現象を表現する関係式を導くのである.

なぜこんな方法に頼るのかといえば, 化学工学で扱う現象は複雑な場合が多く, その現象を理論的に解析できないことがしばしばあるからだ. では, 次元解析の考え方と方法を三つの例で説明することにしよう.

■ 真空中を落下する物体の距離を求める式を導く

ごく簡単な例として, 物体が真空中を自然に落下するときの距離を求める式を導くことにしよう.

真空中を自然落下する物体の距離 l[m] に関係しそうな物理量は, 物体の質量 m[kg], 落下時間 t[s], 重力加速度 g[m/s^2] が考えられる（図 3.1）. そうすると, 次のような式が仮定できる.

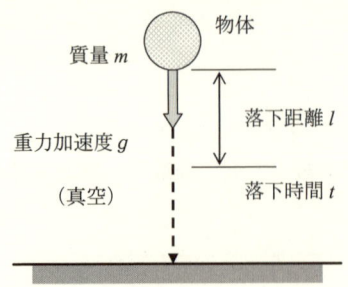

図3.1 物体の自然落下

$$l = K(m)^a(t)^b(g)^c \tag{3.1}$$

ただし，K は無次元定数（次元を持たない定数）である．

ここで，次元の記号として上で書いた記号を用いると，l, m, t, g の次元から式(3.1) は次の次元式で表される．

$$[\mathrm{L}] = [-][\mathrm{M}]^a[\mathrm{T}]^b[\mathrm{L}\cdot\mathrm{T}^{-2}]^c \tag{3.2}$$

式(3.2) は恒等式であり，恒等式が成り立つ必要十分条件は両辺の係数（この場合は指数）が等しいことなので，

$$\begin{cases} \mathrm{L} について: 1 = c \\ \mathrm{M} について: 0 = a \\ \mathrm{T} について: 0 = b - 2c \end{cases} \tag{3.3}$$

となる．

したがって，式(3.3) から $a = 0, b = 2, c = 1$ が得られるので，落下距離 l を求める式が次のように導かれる．

$$l = Kgt^2$$

なお，無次元定数 K は実験結果から $K = 1/2$ になることが確かめられているが，この事例では，わざわざ次元解析をして実験に頼らなくても，運動方程式を解析的に解けば，$l = (1/2)gt^2$ が得られる．

■ 水中に発生させた液滴の径を求める式を導く

注射針の先端から水と混ざり合わない液滴を水中に発生させたとき，その液

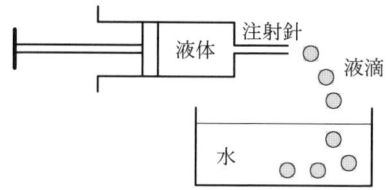

図3.2 液滴の生成

滴の径 d[m] はどんな式で表されるのか，また液滴の径を無次元積に変換すると，どのような関係式になるのか．上の例と同じように考えながら式をつくることにしよう（図3.2）．

液滴の径に関係しそうな物理量として，注射針の内径 a[m]，液滴と水の間の界面張力 σ[kg/s²]，液滴と水との密度差 $\Delta\rho$[kg/m³]，重力加速度 g[m/s²] が考えられるので，これらの物理量の間に次の関係式が成り立つと仮定する．

$$d = Ka^p\sigma^q(\Delta\rho)^r g^s \tag{3.4}$$

ただし，K は無次元定数である．

式(3.4)を次元の記号で表すと次の次元式が得られる．

$$[L] = [-][L]^p[M\cdot T^{-2}]^q[M\cdot L^{-3}]^r[L\cdot T^{-2}]^s \tag{3.5}$$

この次元式の両辺の次元を等しいとおくと，

$$\begin{cases} L について：1 = p - 3r + s \\ M について：0 = q + r \\ T について：0 = -2q - 2s \end{cases} \tag{3.6}$$

となり，式(3.6)は未知数が四つで方程式の数が三つの未定方程式だから，未知数が p, r, s の連立方程式だとみなして解くことにする．

そうすると，$p = 1 - 2q$，$r = -q$，$s = -q$ となるので，これらを式(3.4)に代入すれば，液滴の径を求める関係式として次式が得られる．

$$d = Ka^{1-2q}\sigma^q(\Delta\rho)^{-q}g^{-q} \tag{3.7}$$

ここで，無次元定数 K と無次元指数 q は実験データから決めることになる．

さて，液滴の径 d と注射針の径 a はともに長さの次元を持つので，その比 d/a は無次元となり単位のない量を与える．このように，いくつかの物理量を

組み合わせた量で次元のないものを，さきに述べた無次元積というが，次元解析の結果を無次元積で表しておくと，実験データを整理したときに無次元定数や無次元指数が決めやすくなって具合がよい．

そんなわけで，式(3.7)を無次元積 d/a を用いて書き直しておこう．

$$\frac{d}{a} = K\left(\frac{\sigma}{a^2 \Delta \rho g}\right)^q$$

もちろん，この式の右辺（ ）内も無次元積である．

■ 無次元化された境膜伝熱係数を求める式を導く

第1話で，物質の移動する界面近傍には境膜があり，物質移動の推進力は境膜両端の濃度差に比例し，その比例定数を境膜物質移動係数という，と述べた．熱の移動もまったく同じであり，物質を熱に，濃度を温度に，境膜物質移動係数を境膜伝熱係数（境膜物質移動係数と対照させて境膜熱移動係数ともいう）に読みかえれば，そっくりそのまま適用できる（図3.3）．

管内を流れる流体の熱が管壁を通して伝わるとき，流体と管壁の間の界面近傍に存在する境膜を移動する熱は境膜両端の温度の差に比例し，その比例定数が境膜伝熱係数 $h[\mathrm{W/m^2 \cdot K}]$（$= [\mathrm{kg/s^3 \cdot K}]$）である．その境膜伝熱係数 h を求める関係式を導くことにしよう．

そこで，境膜伝熱係数 h が，流体の比熱 $C_P[\mathrm{J/kg \cdot K}]$（$= [\mathrm{m^2/s^2 \cdot K}]$），熱伝導度 $k[\mathrm{W/m \cdot K}]$（$= [\mathrm{kg \cdot m/s^3 \cdot K}]$），粘度 $\mu[\mathrm{Pa \cdot s}]$（$= [\mathrm{kg/m \cdot s}]$），密度 ρ

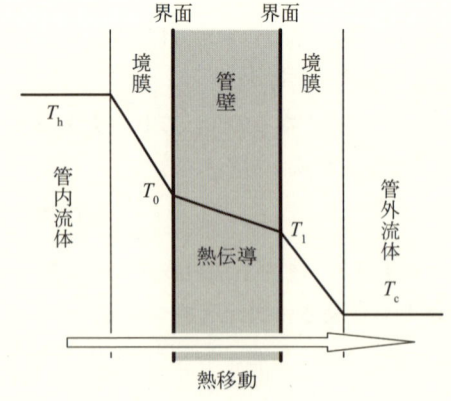

図3.3　管内から管外への熱移動

[kg/m³]，管径 D[m]，管長 L[m]，流体の平均流速 u[m/s] の関数で表されるとすれば，次の関係式が仮定できる．

$$h = K C_P^a k^b \mu^c \rho^d D^e L^f u^g \tag{3.8}$$

ただし，K は無次元定数である．

仮定した式(3.8)を次元式で表すことにするが，次元の記号として [L]，[M]，[T] に加えて，温度には [Θ] を用いる．そうすると，

$$\begin{aligned}[\mathrm{M}\cdot\mathrm{T}^{-3}\cdot\Theta^{-1}] &= [-][\mathrm{L}^2\cdot\mathrm{T}^{-2}\cdot\Theta^{-1}]^a[\mathrm{M}\cdot\mathrm{L}\cdot\mathrm{T}^{-3}\cdot\Theta^{-1}]^b \\ &\times [\mathrm{M}\cdot\mathrm{L}^{-1}\cdot\mathrm{T}^{-1}]^c[\mathrm{M}\cdot\mathrm{L}^{-3}]^d[\mathrm{L}]^e[\mathrm{L}]^f[\mathrm{L}\cdot\mathrm{T}^{-1}]^g \end{aligned} \tag{3.9}$$

となり，この次元式の両辺の次元を等しいとおけば次の連立方程式が得られる．

$$\begin{cases} \mathrm{M について}: 1 = b + c + d \\ \mathrm{L について}: 0 = 2a + b - c - 3d + e + f + g \\ \mathrm{T について}: -3 = -2a - 3b - c - g \\ \Theta \mathrm{について}: -1 = -a - b \end{cases} \tag{3.10}$$

式(3.10)は方程式が四つで未知数が七つの未定方程式だから，a, d, f を既知数とみなして残りの b, c, g, e を求めると，次のようになる．

$$b = 1 - a, \ c = a - d, \ e = -1 + d - f, \ g = d \tag{3.11}$$

やや横道にそれるが，どうして a, d, f を既知数とみなしたのか．その理由を述べておこう．

未定方程式(3.10)において，4番目の方程式から a と b を同時に既知数にすることはできない．すなわち，a と b のどちらかを既知数に選ばないと a あるいは b が定まらない．また a と c を既知数とすれば，4番目の方程式から $b = 1 - a$，1番目の方程式から $b = 1 - c - d$ となるので不合理だ．なぜならば，$d = a - c$，また3番目の方程式より $g = a - c$ となるので d も g も既知数になってしまうからである．なので，a と c を同時に既知数にすることはできない．同じように，b と c を同時に既知数として選ぶこともできない．ということで，a, d, f を既知数としたのである．

話をもとに戻そう．式(3.11)の b, c, e, g を式(3.8)に代入すれば，境膜伝熱係数 h を表す関係式は次式となる．

$$h = KC_P^a k^{1-a} \mu^{a-d} \rho^d D^{-1+d-f} L^f u^d \tag{3.12}$$

さらに，式(3.12)を同じ指数どうしで整理すると，

$$\frac{hD}{k} = K\left(\frac{C_P \mu}{k}\right)^a \left(\frac{Du\rho}{\mu}\right)^d \left(\frac{L}{D}\right)^f \tag{3.13}$$

となり，無次元化された境膜伝熱係数（ヌッセルト（Nusselt）数という）は次元解析の結果，無次元定数 K と3種類の無次元積（$C_P\mu/k$），（$Du\rho/\mu$），（L/D）で表せることがわかった．最初の無次元積をプラントル（Prandtl）数といい，流体の熱的特性を示す指標となり，次の無次元積はさきにも述べた流れの状態を示すレイノルズ数である．

なお，無次元定数 K と無次元指数 a, d, f は，伝熱実験の結果を総合して決められる．

演習 3.2

水平に置かれた内径 D[m]，管長 L[m] の円管内を，粘度 μ[kg/m·s]，密度 ρ [kg/m³] の流体が平均流速 u[m/s] で流れている．このときの管長 1 m あたりの圧力損失 $\Delta P/L$[kg/m²·s²] を次元解析によって求めると，次式が得られることを確かめてみよう．

$$\frac{\Delta P}{L} = K\left(\frac{\rho u^2}{D}\right)(Re)^{-d}$$

ここで，K は無次元定数，d は無次元指数，Re（$= Du\rho/\mu$）はレイノルズ数である．

追記：$KRe^{-d} \equiv 2f$（f[—] を摩擦係数という）とおけば，上の式は次のようになる．

$$\Delta P = 2f \frac{L}{D} \rho u^2$$

この式を「ファニング（Fanning）の式」と呼ぶ．

化学工学書や化学工学便覧には，数多くの実験と次元解析に基づく，さまざまな分野のいろいろな実験式が提案・記載されている．"化学工学では数学とともに実験が大切である"といわれている理由の一つでもある（と私は思っている）．

第4話

面倒な解析と計算には
行列 と 行列式 が便利

　行列と行列式が工学の分野で威力を発揮するのは，主に連立一次方程式を解くときである．ところが，連立一次方程式が行列で表せることを知って，Excel に組み込まれた関数の操作をマスターしてしまえば，連立一次方程式は簡単に解けるし，Excel の「ソルバー」アドインを使うと，行列や行列式の知識がなくても連立一次方程式（連立線形方程式）どころか連立非線形方程式の解も瞬時に得られる．

　そんな現状だから，連立一次方程式の解法についてはほどほどにして，行列と行列式（特に行列）が化学工学にとってどのように有用なのか，その例（複合反応における各量論式の関係を系統的に知る方法，吸収塔の理論段数を解析的に式化する方法）を中心に述べてみたい．ただし，行列と行列式の基本的な性質についてはすでに学んでおり，その扱いにもある程度は慣れているものとして話を進める．

4.1　行列とその利用

　行列とは"何個かの数を長方形に並べて両側をかっこで囲んだもの"をいう．

$$\begin{pmatrix} 1 & 2 \\ 3 & 4 \end{pmatrix}, \begin{pmatrix} 1 & -2 & 3 \\ 3 & 1 & 4 \end{pmatrix}, \begin{pmatrix} 1 & 3 \\ -2 & 1 \\ 3 & 4 \end{pmatrix}, \begin{pmatrix} 3 \\ 2 \end{pmatrix}, \begin{pmatrix} 3 & 2 \end{pmatrix}$$

各々の数を成分，成分の横の並びを行，縦の並びを列といい，行と列の成分数が等しい行列を正方行列，1行だけの行列を行ベクトル，1列だけの行列を列ベクトルという．

行列は「行基本変形」という操作で変形することができる．この操作は，与えられた連立一次方程式を同じ解を持つ最も簡単な連立一次方程式に変えていく方法であり，次の三つの操作に集約される（くり返し使っても構わない）．

① 一つの行に0でない数をかけることができる．
② 一つの行にある数をかけたものを他の行に加えることができる．
③ 二つの行を入れかえることができる．

たとえば，下記の左側の三元連立一次方程式の係数と定数からなる行列（拡大係数行列という）に行基本変形を行い，最終的に得られた行列を連立一次方程式に戻してみよう．その結果は右側のようになる．

$$\begin{cases} x \phantom{{}+3y} + 3z = 1 \\ 2x + 3y + 4z = 3 \\ x + 3y + z = 2 \end{cases} \Rightarrow \begin{array}{l} x \phantom{{}+3y} + 3z = 1 \\ \phantom{x+{}} 3y - 2z = 1 \\ 0x + 0y + 0z = 0 \end{array}$$

この変形操作の結果が何を意味しているかといえば，"与えられた連立一次方程式の3番目の方程式は，1番目と2番目の方程式の線形結合（定数をかけて足した形）で表せるので独立ではない"ということである．「結果を見なくても，与えられた連立一次方程式の1番目の式に －1 をかけて，2番目の式を足せば3番目の式になるから当たり前じゃないか」．「そう，そのとおり」．だが，未知数が多く方程式の数が増えてくると，そんなに簡単には見分けられない．

そのために，与えられた連立一次方程式の拡大係数行列に対して行基本変形を行い，行列の階数を求めることによって系統的に判断するのである．階数とは，"行基本変形を行った結果，0でない成分が少なくとも一つある行の数"をいい，その階数（上の例では2）を知ることで独立な方程式の数がわかり，さらにどの方程式が独立でない（線形従属）かが見分けられる．

演習 4.1

次の行列の階数を求めてみよう．

(1) $\begin{pmatrix} 1 & 2 \\ 3 & 6 \end{pmatrix}$ (2) $\begin{pmatrix} 1 & 2 & 0 \\ 3 & 7 & -1 \\ 2 & 2 & 1 \end{pmatrix}$ (3) $\begin{pmatrix} 1 & 2 & 0 & 3 \\ 2 & 5 & -1 & 8 \\ 2 & 2 & 2 & 3 \end{pmatrix}$

■ 複合反応の量論式が独立なのか従属なのかを見分ける

工業的な反応の多くは，いくつかの反応が同時に起こる複合反応である．エチレン C_2H_4 の接触酸化反応を例にとると，その量論式は次のとおりである．

$$\begin{cases} 2C_2H_4 + O_2 \longrightarrow 2C_2H_4O & \text{(4.1a)} \\ 2C_2H_4O + 5O_2 \longrightarrow 4CO_2 + 4H_2O & \text{(4.1b)} \\ C_2H_4 + 3O_2 \longrightarrow 2CO_2 + 2H_2O & \text{(4.1c)} \end{cases}$$

この反応では式(4.1a)×(1/2) + 式(4.1b)×(1/2) = 式(4.1c) となるから，式(4.1c)は式(4.1a)と式(4.1b)の線形結合で表現できる．これはつまり，量論式(4.1a)と(4.1b)が独立で，式(4.1c)が従属（非独立）な量論式だということを意味している．

エチレンの接触酸化反応についてはこれで答は出たのだが，もっと複雑な複合反応を解析するとなると，独立な量論式はどれかを系統的に見いだすことが大切になる．そのためには，量論式を代数式で表して量論係数の行列（拡大係数行列に相当する）をつくり，その行列の階数を求めて判断することになる．

では，橋本健治氏の著書，『反応工学』培風館 (1979) を参考にして，上に示したエチレンの接触酸化反応における独立な量論式がどれで，従属な量論式はどれなのかを，系統的に確かめてみよう．

そこで，エチレン C_2H_4 を A_1，酸化エチレン C_2H_4O を A_2，酸素 O_2 を A_3，二酸化炭素 CO_2 を A_4，水 H_2O を A_5 として，エチレン接触酸化反応の量論式(4.1a)～(4.1c)を代数式で表すことにする．そうすると次のようになる．

$$\begin{cases} -2A_1 + 2A_2 - 1A_3 + 0A_4 + 0A_5 = 0 & (4.2a) \\ 0A_1 - 2A_2 - 5A_3 + 4A_4 + 4A_5 = 0 & (4.2b) \\ -1A_1 + 0A_2 - 3A_3 + 2A_4 + 2A_5 = 0 & (4.2c) \end{cases}$$

ここで,代数式(4.2a)～(4.2c)の係数行列(つまり量論係数の行列)を A とおくと,行列 A は次のように表せる.

$$A = \begin{pmatrix} -2 & 2 & -1 & 0 & 0 \\ 0 & -2 & -5 & 4 & 4 \\ -1 & 0 & -3 & 2 & 2 \end{pmatrix} \tag{4.3}$$

行列をつくったので,その行列に行基本変形をほどこすことにしよう(変形のやり方には個人差があるので,以下の手順は一例だと思っていただきたい).

行列(4.3)の1行÷(-2),3行÷(-1)をそれぞれ新しい1行と3行にする.

$$A = \begin{pmatrix} 1 & -1 & 0.5 & 0 & 0 \\ 0 & -2 & -5 & 4 & 4 \\ 1 & 0 & 3 & -2 & -2 \end{pmatrix} \tag{4.4}$$

行列(4.4)の3行-1行を新しい3行にする.

$$A = \begin{pmatrix} 1 & -1 & 0.5 & 0 & 0 \\ 0 & -2 & -5 & 4 & 4 \\ 0 & 1 & 2.5 & -2 & -2 \end{pmatrix} \tag{4.5}$$

行列(4.5)の2行÷(-2)を新しい2行にする.

$$A = \begin{pmatrix} 1 & -1 & 0.5 & 0 & 0 \\ 0 & 1 & 2.5 & -2 & -2 \\ 0 & 1 & 2.5 & -2 & -2 \end{pmatrix} \tag{4.6}$$

そして,行列(4.6)の3行-2行を新しい3行にすれば,

$$A = \begin{pmatrix} 1 & -1 & 0.5 & 0 & 0 \\ 0 & 1 & 2.5 & -2 & -2 \\ 0 & 0 & 0 & 0 & 0 \end{pmatrix} \tag{4.7}$$

となり,3行の成分がすべて0であることから,与えられた行列 A の階数が2

だということがわかった．そしてさらに，3行の成分がすべて0なので，行列Aの3行に相当する量論式(4.1c)は従属な量論式で，1行，2行に相当する量論式(4.1a)と(4.1b)が独立な量論式である，ということも確認できた．

すでにお気付きかもしれないが，行列(4.6)において2行－3行を新しい2行にすれば，

$$A = \begin{pmatrix} 1 & -1 & 0.5 & 0 & 0 \\ 0 & 0 & 0 & 0 & 0 \\ 0 & 1 & 2.5 & -2 & -2 \end{pmatrix}$$

となる．したがって，この行列Aの2行に相当する量論式(4.1b)が従属な量論式で，量論式(4.1a)と(4.1c)が独立な量論式である，ともいえる．

演習 4.2

次の複合反応の量論式を代数式で表し，その係数行列の階数を調べることによって，この反応の独立な量論式がどれかを見いだそう．ただし，$A_1 \sim A_6$は反応の成分を表す．

$$\begin{cases} 4A_1 + 5A_2 \longrightarrow 4A_6 + 6A_4 \\ 4A_1 + 3A_2 \longrightarrow 2A_3 + 6A_4 \\ 4A_1 + 6A_6 \longrightarrow 5A_3 + 6A_4 \\ 2A_6 + A_2 \longrightarrow 2A_5 \\ 2A_6 \longrightarrow A_3 + A_2 \\ A_3 + 2A_2 \longrightarrow 2A_5 \end{cases}$$

■ 棚段型の向流ガス吸収塔を解析する

棚段型向流ガス吸収塔を流れ落ちる吸収液中の溶質濃度X_n[mol/mol-吸収液]は，気液平衡関係が直線$Y_n = aX_n + b$（ただし，$n = 1, 2, \cdots\cdots, N$）で近似できるとすれば，次式で表せる（$a$と$b$は定数，また使用記号は図4.1を参照）．

$$X_n = \frac{(L/aG)X_0 - (Y_1 - b)/a}{L/aG - 1} + \frac{(Y_1 - b)/a - X_0}{L/aG - 1}\left(\frac{L}{aG}\right)^n \quad (4.8)$$

かなり複雑な式だが，気液平衡を考慮した物質収支式を行列で表して，この式(4.8)を導くことにしよう．

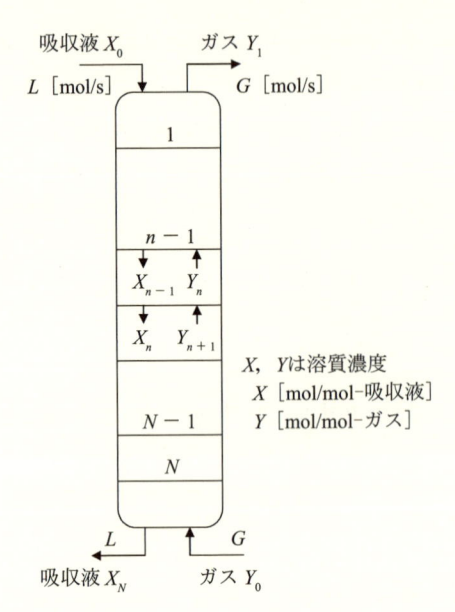

図4.1 棚段型向流ガス吸収塔

そこでまず，G と L は塔内で変化しないとして，塔頂から任意段 $(n-1$ 段) までの溶質に対する物質収支式をたてる．

$$G(Y_n - Y_1) = L(X_{n-1} - X_0) \quad (n = 1, 2, \ldots, N) \tag{4.9}$$

式(4.9) と気液平衡関係 $Y_n = aX_n + b$ から，次の関係が得られる．

$$X_n = \frac{L}{aG} X_{n-1} + \left(X_1 - \frac{L}{aG} X_0\right) \tag{4.10}$$

式(4.10) の導出過程は省略したが，化学工学に馴染んでいる読者には，あえて説明する必要もないだろう．

さて，これからが本番．式(4.10) を行列で表そうとすると式が一つしかないので困ってしまう．そこで，$1 = 1$ (つまり $1 = 0 \cdot X_{n-1} + 1$) という当たり前の式と組み合わせることにする．そうすると，次の連立方程式がつくれる．

$$\begin{cases} X_n = \dfrac{L}{aG} X_{n-1} + \left(X_1 - \dfrac{L}{aG} X_0\right) \\ 1 \ \ = 0 \cdot X_{n-1} + 1 \end{cases} \tag{4.11}$$

連立方程式(4.11) を行列で表すと次のようになる．

$$\begin{pmatrix} X_n \\ 1 \end{pmatrix} = \begin{pmatrix} L/aG & X_1 - (L/aG)X_0 \\ 0 & 1 \end{pmatrix} \begin{pmatrix} X_{n-1} \\ 1 \end{pmatrix} \quad (4.12)$$

ここで簡単のために，式(4.12)の右辺の正方行列を次のように A とおく.

$$A = \begin{pmatrix} L/aG & X_1 - (L/aG)X_0 \\ 0 & 1 \end{pmatrix} \quad (4.13)$$

すると，式(4.12)は次の関係で表すことができる.

$$\begin{pmatrix} X_n \\ 1 \end{pmatrix} = A\begin{pmatrix} X_{n-1} \\ 1 \end{pmatrix} = AA\begin{pmatrix} X_{n-2} \\ 1 \end{pmatrix} = A^2\begin{pmatrix} X_{n-2} \\ 1 \end{pmatrix} = A^2 A\begin{pmatrix} X_{n-3} \\ 1 \end{pmatrix}$$
$$= A^3\begin{pmatrix} X_{n-3} \\ 1 \end{pmatrix} = \cdots\cdots = A^{n-1}\begin{pmatrix} X_1 \\ 1 \end{pmatrix} = A^{n-1}A\begin{pmatrix} X_0 \\ 1 \end{pmatrix} = A^n\begin{pmatrix} X_0 \\ 1 \end{pmatrix}$$
$$(4.14)$$

ただし，行列 A^n は次の正方行列で表される.

$$A^n = \begin{pmatrix} \left(\dfrac{L}{aG}\right)^n & \dfrac{(L/aG)^n - 1}{L/aG - 1}\left(X_1 - \dfrac{L}{aG}X_0\right) \\ 0 & 1 \end{pmatrix} \quad (4.15)$$

なぜならば，下記のように行列の積を順次求めていくことによって導けるからである.

$$A^2 = AA = \begin{pmatrix} \dfrac{L}{aG} & X_1 - \dfrac{L}{aG}X_0 \\ 0 & 1 \end{pmatrix}\begin{pmatrix} \dfrac{L}{aG} & X_1 - \dfrac{L}{aG}X_0 \\ 0 & 1 \end{pmatrix}$$

$$= \begin{pmatrix} \left(\dfrac{L}{aG}\right)^2 & \left(\dfrac{L}{aG} + 1\right)\left(X_1 - \dfrac{L}{aG}X_0\right) \\ 0 & 1 \end{pmatrix}$$

$$A^3 = A^2 A = \begin{pmatrix} \left(\dfrac{L}{aG}\right)^2 & \left(\dfrac{L}{aG} + 1\right)\left(X_1 - \dfrac{L}{aG}X_0\right) \\ 0 & 1 \end{pmatrix}\begin{pmatrix} \dfrac{L}{aG} & X_1 - \dfrac{L}{aG}X_0 \\ 0 & 1 \end{pmatrix}$$

$$= \begin{pmatrix} \left(\dfrac{L}{aG}\right)^3 & \left\{\left(\dfrac{L}{aG}\right)^2 + \dfrac{L}{aG} + 1\right\}\left(X_1 - \dfrac{L}{aG}X_0\right) \\ 0 & 1 \end{pmatrix}$$

このような操作を続けていけば，行列 A^n は次式で表せると推察される．

$$A^n = \begin{pmatrix} \left(\dfrac{L}{aG}\right)^n & \left\{\left(\dfrac{L}{aG}\right)^{n-1} + \left(\dfrac{L}{aG}\right)^{n-2} + \cdots\cdots + \dfrac{L}{aG} + 1\right\}\left(X_1 - \dfrac{L}{aG}X_0\right) \\ 0 & 1 \end{pmatrix}$$

(4.16)

ここで，高校数学で学んだ数列と数列の和を思い出していただきたい．行列 (4.16) の (1, 2) 成分の数列の和の項は "初項 1，公比 L/aG，項数 n の等比数列の和" になっている．なので，行列 A^n は式 (4.15) で表すことができるのである．

式 (4.15) で表した A^n を式 (4.14) に適用すれば，

$$\begin{pmatrix} X_n \\ 1 \end{pmatrix} = \begin{pmatrix} \left(\dfrac{L}{aG}\right)^n & \dfrac{(L/aG)^n - 1}{L/aG - 1}\left(X_1 - \dfrac{L}{aG}X_0\right) \\ 0 & 1 \end{pmatrix}\begin{pmatrix} X_0 \\ 1 \end{pmatrix} \quad (4.17)$$

となり，右辺の行列のかけ算を実行すれば次式が得られる．

$$X_n = \left(\dfrac{L}{aG}\right)^n X_0 + \dfrac{(L/aG)^n - 1}{L/aG - 1}\left(X_1 - \dfrac{L}{aG}X_0\right) \quad (4.18)$$

この式 (4.18) を変形・整理していけば目的の式 (4.8) にたどり着くが，式の変形・整理については読者に任せたい．

また，式 (4.8) の n を N におきかえて整理すると，向流ガス吸収塔の理論段数 N を求める式が導ける．

$$N = \dfrac{\log\left\{1 - \dfrac{(X_N - X_0)(1 - L/aG)}{(Y_1 - b)/a - X_0}\right\}}{\log(L/aG)} \quad (4.19)$$

4.2 行列式とクラメル法

行と列の成分数が等しい行列を正方行列ということはすでに述べた．行列式は正方行列と形の上では類似しているが，正方行列は "正方形に配列された数

の組"であるのに対して，行列式は"一つの数値または式"である．

　数学上の定義と証明は省略するが，二次（行と列の成分数が各々二つ）の行列式の値は次のようになる．これを「サラス（Sarrus）の規則」という．

$$\begin{vmatrix} a_{11} & a_{12} \\ a_{21} & a_{22} \end{vmatrix} = a_{11}a_{22} - a_{12}a_{21}$$

　三次以上の行列式になるとサラスの規則がそのまま使えないので，二次の行列式まで次数を下げなければならない．その方法は次のとおりである．

　いま n 次の行列式 $|A|$ がある．この行列式の i 行，j 列を取り除いてできる $n-1$ 次の行列式を D_{ij}（(i,j) 成分の小行列式という）と書くなら，D_{ij} は

$$D_{ij} = \begin{vmatrix} a_{11} & \cdots & a_{1j} & \cdots & a_{1n} \\ \vdots & & \vdots & & \vdots \\ a_{i1} & \cdots & a_{ij} & \cdots & a_{in} \\ \vdots & & \vdots & & \vdots \\ a_{n1} & \cdots & a_{nj} & \cdots & a_{nn} \end{vmatrix} \rightarrow 第 i 行を取り除く$$

$$\downarrow 第 j 行を取り除く$$

となる．そうすると，n 次の行列式 $|A|$ は $n-1$ 次の小行列式 D_{ij} を用いて次のように書くことができる．これを「行列式の展開」という．

　第 i 行に関する展開の場合：

$$|A| = (-1)^{i+1}a_{i1}D_{i1} + (-1)^{i+2}a_{i2}D_{i2} + \cdots\cdots + (-1)^{i+n}a_{in}D_{in}$$

　第 j 列に関する展開の場合：

$$|A| = (-1)^{1+j}a_{1j}D_{1j} + (-1)^{2+j}a_{2j}D_{2j} + \cdots\cdots + (-1)^{n+j}a_{nj}D_{nj}$$

このような展開をどんどん続けていけば，n 次の行列式は二次の行列式まで次数を下げることができ，その値を求めることができるのである．

　ところで，連立一次方程式を解くのに上で述べた行列式が利用できる（実は私は行列式の他の使い道を知らない）．行列式を使う連立一次方程式の解法を「クラメル（Cramer）法」というが，その方法を以下に述べる（数学的な証明は線形代数の書に委ねる）．

　次の n 元連立一次方程式（未知数は $x_1, x_2, \cdots\cdots, x_n$）があるとする．

$$\begin{cases} a_{11}x_1 + a_{12}x_2 + \cdots\cdots + a_{1n}x_n = b_1 \\ a_{21}x_1 + a_{22}x_2 + \cdots\cdots + a_{2n}x_n = b_2 \\ \quad\quad\quad\quad\quad\quad \vdots \\ a_{n1}x_1 + a_{n2}x_2 + \cdots\cdots + a_{nn}x_n = b_n \end{cases} \quad (4.20)$$

この連立一次方程式(4.20)の解は，クラメルの公式によって直ちに次のように求まる．

$$x_1 = \Delta_1/|A|, \quad x_2 = \Delta_2/|A|, \quad \cdots\cdots, \quad x_n = \Delta_n/|A|$$

ここで，$|A|$ を「基本行列式」といい，連立一次方程式(4.20)の係数のみからつくられる係数行列 A の行列式である．また，$\Delta_1, \Delta_2, \cdots\cdots, \Delta_n$ はそれぞれ，基本行列式の 1, 2, ……, n 列を定数項（定数からなる列ベクトル）でおきかえてつくられた行列式であり，連立一次方程式の「余行列式」という．

演習 4.3

次の連立一次方程式をクラメル法で解いてみよう．

(1) $\begin{cases} x_1 + x_2 = 4 \\ 2x_1 - x_2 = 5 \end{cases}$ 　(2) $\begin{cases} x_1 + x_2 - 2x_3 = -3 \\ x_1 - 2x_2 + x_3 = 6 \\ 2x_1 + x_2 - x_3 = 1 \end{cases}$

■ クラメル法はせいぜい四元連立一次方程式まで

クラメル法を用いて n 元連立一次方程式を解く場合を考えてみよう．

連立一次方程式が二元ならば，サラスの規則を用いて基本行列式と余行列式の値が直接求まるので，解が即座に得られる．また三元では，基本行列式と三つの余行列式を展開して $(3 \times 1) \times 4 = 12$ 個の二次行列式をつくればよい．

ところが四元では，$(4 \times 3 \times 1) \times 5 = 60$ 個の二次行列式をつくる必要があり，五元になると行列式を五次から四次，四次から三次，三次から二次まで展開して $(5 \times 4 \times 3 \times 1) \times 6 = 360$ 個の二次行列式をつくらなければならない．

そんなことだから，四元連立一次方程式ならば大きなストレスは感じるもののクラメル法を使う気にもなるが，五元以上の連立一次方程式に対しては「と

てもとても……」である．

　ただし，五元であっても連立一次方程式を解析する手段としてクラメル法が有用な場合がある．微分係数を数値的に求める方法の一つにダグラス-アバキアン（Douglass-Avakian）法というのがあるが，そこで用いられる係数はクラメル法を使えば，少々面倒だが，正確に決めることができる．その説明は割愛するが，もし関心があるならば，拙著『技術者のための数値計算入門』日刊工業新聞社（2007）を参照されたい．

第5話

微分 は
事象を解析するための 出発点

　微分という言葉とその内容のごく一部はもうすでに第2話に出てきたが，ここであらためて微分を取り上げる．また話を進める都合上，第2話で少しだけ触れた微分を含んだ方程式（すなわち微分方程式）も顔を出すが，微分方程式はこれからたびたび主役として出てくるので，ここでは細かなことは詮索しないで，横目に見ながら素通りしていただきたい．

　化学工学を含めた理工学の分野で微分が頻繁に出てくるのは，事象（事実と現象）に関与する物理量の微小な変化量と変化の割合（変化率）を議論して，その事象を解析する場合が多いからだ．

　ある物理量 x と y があって，x と y の微小な変化量をそれぞれ $\Delta x, \Delta y$ で表し，もし x が変化するにつれて y が変化するならば，Δx に対する Δy の関係つまり $\Delta y/\Delta x$ が変化率として求まる．これが微分を理解する糸口になる．

5.1　導関数の性質と微小量

　変数 y が変数 x の関数 $y = f(x)$ で，$\Delta x \to 0$ のときに $\Delta y/\Delta x$ が変数 x の関数になるとき，この関数を $y = f(x)$ の導関数といい，次のように定義される．

$$\lim_{\Delta x \to 0} \frac{\Delta y}{\Delta x} = \lim_{\Delta x \to 0} \frac{f(x+\Delta x) - f(x)}{\Delta x} = \frac{\mathrm{d}f(x)}{\mathrm{d}x}$$

この定義に従えば,基本となる主だった関数の導関数が求められるし,次に一例を示す導関数の性質(いわゆる公式)についても容易に導くことができる.

積の微分法: $\dfrac{\mathrm{d}}{\mathrm{d}x}\{f(x)g(x)\} = g(x)\dfrac{\mathrm{d}f(x)}{\mathrm{d}x} + f(x)\dfrac{\mathrm{d}g(x)}{\mathrm{d}x}$

商の微分法: $\dfrac{\mathrm{d}}{\mathrm{d}x}\left\{\dfrac{f(x)}{g(x)}\right\} = \dfrac{g(x)\{\mathrm{d}f(x)/\mathrm{d}x\} - f(x)\{\mathrm{d}g(x)/\mathrm{d}x\}}{\{g(x)\}^2}$

■ 導関数の公式は左から右に向かって使うだけじゃない

ある複雑な関数が与えられて,その関数を微分する(導関数を求める)ときには,上に示した導関数の公式などを取っかかりにして四苦八苦するのが普通である.ところが導関数の公式を逆向きに利用して,微分方程式などの微分を含んだ式を扱いやすくしたり,簡単な式にまとめたりすることもある.

そのような例を以下に示してみよう.

〈水平方向放射状に拡がる濃度分布の式〉

空気の流れのない床の間に細長い丸棒状の香を立てると,香の側面から水平方向放射状に芳香成分が揮散し,空間には芳香成分の濃度分布が生じる.このとき,濃度の分布は時間が変わっても変化しない(定常状態にある)とするならば,濃度分布を求める式として次の微分方程式が導ける.

$$r\frac{\mathrm{d}^2 C}{\mathrm{d}r^2} + \frac{\mathrm{d}C}{\mathrm{d}r} = 0 \tag{5.1}$$

ここで,$C[\mathrm{mol/m^3}]$ は芳香成分の体積モル濃度,$r[\mathrm{m}]$ は香の芯から半径方向へ向かう距離である.

微分方程式(5.1)を解けば,濃度 C が距離 r の関数として求まる.しかし,式(5.1)を直接解くのは少し厄介だ.そんなことだから,積分をするだけで簡単に解が得られるように微分方程式(5.1)を変形したい.

そこで,式(5.1)の左辺の形に着目して,上に示した「積の微分法」を右から左に眺めてみる.そうすると,式(5.1)の左辺は次のようになっていることがわかる.

$$r\frac{\mathrm{d}^2 C}{\mathrm{d}r^2} + \frac{\mathrm{d}C}{\mathrm{d}r} = r\frac{\mathrm{d}}{\mathrm{d}r}\left(\frac{\mathrm{d}C}{\mathrm{d}r}\right) + \left(\frac{\mathrm{d}C}{\mathrm{d}r}\right)\left(\frac{\mathrm{d}}{\mathrm{d}r}r\right)$$

$$= \frac{\mathrm{d}}{\mathrm{d}r}\left(r\frac{\mathrm{d}C}{\mathrm{d}r}\right) \tag{5.2}$$

すなわち式(5.1)の左辺は，r と $\mathrm{d}C/\mathrm{d}r$ の積を変数 r で微分した形になっている．

よって，微分方程式(5.1)は次の微分方程式に書きかえられる．

$$\frac{\mathrm{d}}{\mathrm{d}r}\left(r\frac{\mathrm{d}C}{\mathrm{d}r}\right) = 0 \tag{5.3}$$

こうなれば，しめたもの．式(5.3)を眺めて，r に関する微分が0なら微分の前の関数 $r(\mathrm{d}C/\mathrm{d}r)$ は，微分の公式から定数だということがわかる．すなわち，$r(\mathrm{d}C/\mathrm{d}r) = A$（定数）より次式が得られる．

$$\frac{\mathrm{d}C}{\mathrm{d}r} = \frac{A}{r} \tag{5.4}$$

さらに次に，式(5.4)を眺めて，C を r で微分した関数が A/r なら，微分の前の関数 C は微分（あるいは積分）の公式から対数関数（$= A \ln r$）だということになり，微分方程式(5.3)（つまり微分方程式(5.1)）の一般解は次のようになる．

$$C = A \ln r + B \quad (A, B \text{は任意定数})$$

〈ギブズ-ヘルムホルツの式〉

相平衡や化学平衡に関する熱力学を学んでいくと，次に示す「ギブズ-ヘルムホルツ（Gibbs-Helmholtz）の式」に出くわす．

$$\frac{\mathrm{d}(G/T)}{\mathrm{d}T} = -\frac{H}{T^2} \quad (\text{圧力は一定とする}) \tag{5.5}$$

ここで，G はギブズ自由エネルギー，H はエンタルピー，T は温度である．

このギブズ-ヘルムホルツの式(5.5)がどのようにして導かれるのか，これから示すことにしよう．

ギブズ自由エネルギー G は，熱力学第一法則と第二法則に基づいて次のように定義される．

$$G = H - TS \tag{5.6}$$

ここで S はエントロピーであるが，エントロピー S とギブズ自由エネルギー G との間には，圧力が一定ならば次の関係がある（導出は熱力学書に任せる）．

$$S = -\frac{dG}{dT} \tag{5.7}$$

dG も dT も微小な変化量（つまり微小な物理量）を意味しているから代数的に扱えるので，式(5.7) を式(5.6) に代入すれば次式が得られる．

$$TdG - GdT = -HdT \tag{5.8}$$

この式の両辺を T^2 で割ると，式(5.8) は次のようになる．

$$\frac{TdG - GdT}{T^2} = -H\frac{dT}{T^2} \tag{5.9}$$

さて，T と G がともにある変数 x の関数だとみなせば，式(5.9) の左辺は上に記した「商の微分法」を右から左に適用して，

$$\frac{T(dG/dx) - G(dT/dx)}{T^2} = \frac{d}{dx}\left(\frac{G}{T}\right) \tag{5.10}$$

と書き直せる．

したがって式(5.9) の左辺は，式(5.10) の両辺に dx をかけることにより次のように表すことができる．

$$\frac{TdG - GdT}{T^2} = d\left(\frac{G}{T}\right) \tag{5.11}$$

そして，式(5.11) を式(5.9) に適用すると，

$$d\left(\frac{G}{T}\right) = -H\frac{dT}{T^2} \tag{5.12}$$

となるので，式(5.12) の両辺を dT で割れば，ギブズ–ヘルムホルツの式(5.5) が得られる．

■ 微小量どうしの積はより微小量なので無視できる

ある事象に関与する物理量 x, y の微小な変化量が $\Delta x = 10^{-3}$, $\Delta y = 10^{-4}$ だとすると，微小な変化量の積 $(\Delta x)^2$ と $\Delta x \Delta y$ はそれぞれ，10^{-6}，10^{-7} となって

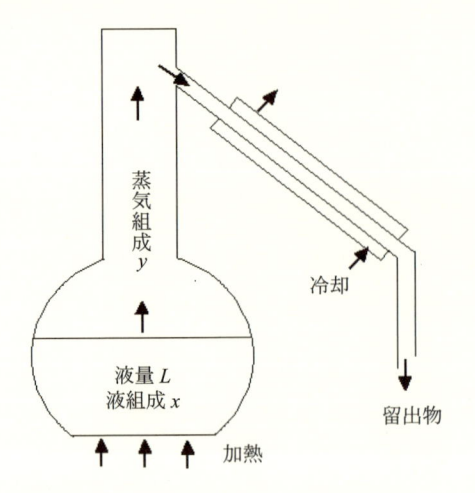

図の説明: 蒸気組成 y、液量 L、液組成 x、加熱、冷却、留出物

図5.1 単蒸留

さらに微小量になる．そのため，ある事象を解析するときに現れる微小量の積を無視する（0 とおく）ことがしばしばある．

単蒸留を解析して得られる，かの有名な「レイリー（Rayleigh）の式」もこれによって得られたものである．ある時刻における缶（かま）の中の液量を L[mol]，低沸点成分の液組成を x[mol 分率]，そのとき発生する低沸点成分の蒸気組成を y[mol 分率] としよう（図5.1）．

この時刻からわずかな時間が経過したときには，缶の液量が少し減少し，同時に低沸点成分の液組成も少し減少するので，発生する蒸気中の低沸点成分の組成もわずかに少なくなる．これらの微小な減少量（変化量）をそれぞれ $\mathrm{d}L$，$\mathrm{d}x, \mathrm{d}y$ と書けば，低沸点成分の物質収支式は次のようになる．

$$Lx = (L - \mathrm{d}L)(x - \mathrm{d}x) + (y - \mathrm{d}y)\mathrm{d}L \tag{5.13}$$

式(5.13) の右辺を展開すると微小量の積 $\mathrm{d}L\mathrm{d}x$ と $\mathrm{d}y\mathrm{d}L$ が出てくるので，これらを無視すれば式(5.13) は次のように変形される．

$$\frac{\mathrm{d}L}{L} = \frac{\mathrm{d}x}{y - x} \tag{5.14}$$

缶に仕込んだ液量を L_0，そのときの液組成を x_0 とし，単蒸留を終えたときの液量と組成をそれぞれ L，x とすると，積分の公式に従って式(5.14) を定積

分すれば次式が得られる．

$$\ln\frac{L}{L_0} = \int_{x_0}^{x}\frac{\mathrm{d}x}{y-x}$$

この式が多くの化学工学の書籍に掲載されているレイリーの式である．

■ 質の異なる物理量の変化量が同居する場合もある

外部から気体に加えられた熱を Q[J]，気体が外部にした仕事を $W(=P\Delta V)$[J]，気体の内部エネルギー変化を ΔU[J] とすれば，エネルギー保存則より次の関係がある．ご存知の熱力学第一法則だ．

$$\begin{aligned}Q &= \Delta U + W \\ &= \Delta U + P\Delta V\end{aligned} \quad (5.15)$$

ここで，Δ は熱を加える前と加えた後の値の差を意味している．また，P と V は気体の圧力と体積である．

式(5.15)を微分の形式で表示すると次式になる．

$$\begin{aligned}\delta Q &= \mathrm{d}U + \delta W \\ &= \mathrm{d}U + P\mathrm{d}V\end{aligned} \quad (5.16)$$

なぜ，微分量を表す「δ」と「d」を使い分けているのだろう．それは，U と V は状態量（与えられた状態によって一義的に決まる量）であるのに対し，Q と W は状態量ではなく単にエネルギーの出入りの形態を表す量に過ぎないからである．たとえば，気体が U から $U+\mathrm{d}U$ へ $\mathrm{d}U=0.001$ J だけ変化したとしよう．このとき δQ は，本当は微小量ではないかもしれないのだ．なぜかといえば，$\delta Q=100.001$ J で，$\delta W(=P\mathrm{d}V)=100$ J だったとしても式(5.16)は満たされる．

このように，気体の状態が U から $U+\mathrm{d}U$ へ変化したとしても，エネルギー収支の δQ（および δW）は一意には決まらないし微小量であるとも限らない．ただ，U を微小に $\mathrm{d}U$ だけ変化させたとき，エネルギー収支の Q（および W）も微小な量と考えて δQ（および δW）と表すことにしただけである．

Q の微小量を δQ で表そうが $\mathrm{d}Q$ で表そうが，見かけ上（熱力学関係式の変形操作などでは）それほど影響がないので，この区別をしていない熱力学書が

かなりある．

5.2　偏微分と全微分

　変数 x と変数 y の関数を $z = f(x, y)$ としたとき，z の微小な変化量を表すには，変数 x と y をそれぞれ単独に変化させる場合と，x と y を同時に変化させる場合の 3 種類ある．前二者を偏微分，後者を全微分という．

　偏微分は一つの変数だけを変化させて，その導関数（偏導関数という）を求める操作である．したがって，偏導関数の定義はさきに述べた導関数の定義となんら変わらない．ただ，偏微分だということを強調するために $\partial z/\partial x$ や $\partial z/\partial y$ のように ∂（ラウンド）を用いて表記するだけのことである．

　なお，この ∂ は単なる数学的操作を表す記号であって，∂x や ∂y には $\mathrm{d}x$ や $\mathrm{d}y$ のような物理的（微小な変化量だという）意味はない．

　一方，変数 x と y の関数 z の全微分 $\mathrm{d}z$ は次のように表される（ただし，数学的な証明は省略する）．

$$\mathrm{d}z = \frac{\partial z}{\partial x}\mathrm{d}x + \frac{\partial z}{\partial y}\mathrm{d}y$$

演習 5.1

次の二変数関数の全微分を求めてみよう．

(1)　$z = x^2 + xy - y^2$　　(2)　$z = \ln(5x^2 + y^4)$　　(3)　$z = \sin(2x + y)$

■ 長方形の面積は最も簡単な二変数関数である

　長方形の面積 S は，二辺の長さを x, y とすれば $S = xy$ で表され，辺 x, y はともに独立な変数なので二変数関数となる（図 5.2）．

　それでは，辺の長さを少し変えたときの面積の微小な変化から，偏微分と全微分の意味を具体的に理解することにしよう．

　辺 y を一定に保って辺 x を微小量 Δx だけ変化させると，面積 S の微小な変化量は $\Delta S = y\Delta x$ と表されるので，次式が導かれる．

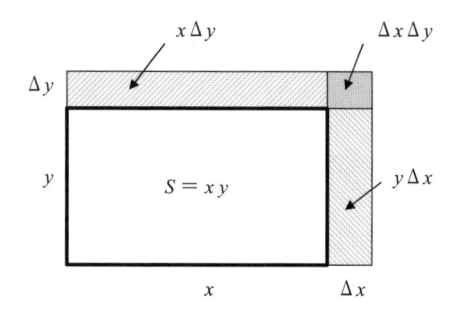

図5.2 長方形の面積

$$\frac{\Delta S}{\Delta x} = y \tag{5.17}$$

ここで，ΔS，Δx はともに微小量なので式(5.17)は微分（導関数）におきかえることができる．ただし，変数 y を一定に保ったときの微分なので，偏導関数で表さなければならない．

$$\frac{\partial S}{\partial x} = y \tag{5.18}$$

今度は，辺 x を一定に保ったまま辺 y を微小量 Δy だけ変化させる．このときの面積 S の微小な変化量は $\Delta S = x\Delta y$ と表されるので，次式が導ける．

$$\frac{\Delta S}{\Delta y} = x \tag{5.19}$$

式(5.18)と同じように，式(5.19)を偏微分の形に書きあらためたのが次式である．

$$\frac{\partial S}{\partial y} = x \tag{5.20}$$

さらに，両方の辺 x，y を同時に変化させると面積 S の変化量 ΔS は，図5.2 に示す二つの長方形の面積とコーナー部分の面積の和

$$\Delta S = y\Delta x + x\Delta y + \Delta x \Delta y \tag{5.21}$$

となり，式(5.21)を微分の形式で表せば次式となる．

$$dS = ydx + xdy + dxdy \tag{5.22}$$

式(5.22)の y と x に式(5.18)と式(5.20)を代入すると，次式が得られる．

$$dS = \frac{\partial S}{\partial x}dx + \frac{\partial S}{\partial y}dy + dxdy \tag{5.23}$$

ここで，微小量の積 $dxdy$ を 0 とみなせば，面積 S の全微分（つまり全変化）dS が次式のように表され，上に記した全微分の定義式と一致する．

$$dS = \frac{\partial S}{\partial x}dx + \frac{\partial S}{\partial y}dy$$

■ 単蒸留の解析をもう一度

さきに述べた単蒸留を，今度は全微分を使って解析することにしよう（図5.1を参照）．

単蒸留では，わずかな時間に缶からなくなった低沸点成分の量と同じ量の蒸気が留出してくるので，低沸点成分の微小な変化量についての物質収支は次式で表される．

$$d(Lx) = ydL \tag{5.24}$$

式(5.24)の左辺は，缶の中の低沸点成分の量 Lx の全変化だから次のように表せる．

$$d(Lx) = \frac{\partial(Lx)}{\partial L}dL + \frac{\partial(Lx)}{\partial x}dx = xdL + Ldx \tag{5.25}$$

したがって，式(5.24)と式(5.25)より，

$$xdL + Ldx = ydL$$

となり，これを変形すればさきに示した式(5.14)になる．

このあとの操作は同じだが，式(5.13)と式(5.24)の違いを述べておこう．式(5.13)は"微小な時間が経過する前後で低沸点成分の総量は一定である"としているのに対して，式(5.24)は"微小な時間の間に変化する低沸点成分の微小量は一定である"として導かれている．つまり，物質収支を微小な時間の間の総量（全体量）で捉えるか，微小量（微分量）で捉えるかの違いである．

演習 5.2

モル熱容量 [J/mol・K] は"物質 1 mol を温度 1 K だけ上げるのに必要な熱量"であり，定容モル熱容量 C_V と定圧モル熱容量 C_P はそれぞれ，熱力学第一法則（本文の式(5.16)）から次式で表される．

$$C_V = \left(\frac{\delta Q}{\mathrm{d}T}\right)_{V-\text{定}} = \frac{\mathrm{d}U}{\mathrm{d}T}$$

$$C_P = \left(\frac{\delta Q}{\mathrm{d}T}\right)_{P-\text{定}}$$

ここで，気体（理想気体ではなく実在気体とする）の内部エネルギー U は体積（容積）V と温度 T の二変数関数 ($U = U(V,T)$) だと考え，さらに体積 V は圧力 P と温度 T の二変数関数 ($V = V(P,T)$) だと考える．そうすると，次の関係が得られることを確かめてみよう．

$$C_P = C_V + \left\{\left(\frac{\partial U}{\partial V}\right)_T + P\right\}\left(\frac{\partial V}{\partial T}\right)_P$$

第6話

空間を **移動** する物理量は

向きを持つ **ベクトル**

　化学工学ではさまざまな事象を扱うが，その事象に関与する物理量の多く（たとえば，流体の流速や物質量，熱量，運動量の流束など）は三次元空間で変化する．したがって，三次元空間で変化する物理量を議論するには，ベクトルの概念を導入しなければならない．そこでここでは，ベクトルを軸にして話を進めることにしよう．

6.1　ベクトルと速度

　私たちの身のまわりで思い浮かぶベクトルの代表は風である．お天気キャスターが「今日は北西の風で風速（風の速さ）2 m，気温は15℃で湿度50%……」と伝えるように，風は向きと大きさ（速さという量）を持ったベクトルであり，気温や湿度は量だけであって向きはない．このような向きを持たない量をスカラーという．

　向きと量を持つベクトルを $\boldsymbol{a}$ で表すなら，空間中のベクトル $\boldsymbol{a}$ の位置は三次元座標 (x, y, z) の原点を中心として，

$$\boldsymbol{a} = (a_x, a_y, a_z)$$

と表される．ただし，a_x, a_y, a_z はベクトル $\boldsymbol{a}$ の x 成分，y 成分，z 成分を示し，これらはスカラーである．

上の表示はベクトル $\boldsymbol{a}$ の向きを表しているが，その大きさ（量）については次のように書かれる．

$$|\boldsymbol{a}| = \sqrt{a_x^2 + a_y^2 + a_z^2}$$

二つのベクトルを $\boldsymbol{a}(a_x, a_y, a_z)$, $\boldsymbol{b}(b_x, b_y, b_z)$ とすると，ベクトル $\boldsymbol{a}$ と $\boldsymbol{b}$ の和と差は次のように表される．

$$\boldsymbol{a} \pm \boldsymbol{b} = (a_x \pm b_x,\ a_y \pm b_y,\ a_z \pm b_z)$$

ベクトルに和と差があるなら積があってもよさそうだが，ベクトルには積はない．その代わり（というか？），次のように定義される内積がある（図6.1）．

$$\boldsymbol{a} \cdot \boldsymbol{b} = |\boldsymbol{a}||\boldsymbol{b}|\cos\theta$$

この内積というのはイメージがつかみにくいが，"ベクトル $\boldsymbol{b}$ がベクトル $\boldsymbol{a}$ の方向に共に行った仕事の量である"，とでもいえば理解できるだろうか．当を得た例ではないかもしれないが，以下に少し書いておこう．

たとえば，1 m/s の風を受けて 3 m 進むことのできるヨットが $\boldsymbol{a}$ の方向に向かっているとする（3 m はヨットの帆走能力であり，この3がベクトル $\boldsymbol{a}$ の大きさに相当する）．このとき，ヨットの進行方向 π/3 の向きに 2 m/s（ベクトル $\boldsymbol{b}$ の大きさに相当）の風が吹いたとすれば，ヨットは 3 × 2 × cos (π/3) = 3 m/s の速さで進むことになる．またヨットの真後ろから 2 m/s の風が吹けば，ヨットは 3 × 2 × cos 0 = 6 m/s の速さで進むことができる．この例が内積の物理的意味を平たく説明している（と思うが……）．

なお，内積をベクトルの成分で表すと，

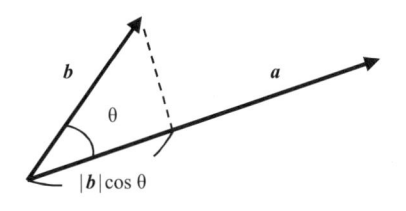

図6.1 内積

$$\bm{a}\cdot\bm{b} = (a_x, a_y, a_z)\cdot(b_x, b_y, b_z)$$
$$= a_x b_x + a_y b_y + a_z b_z$$

となる．この表し方を「内積のベクトル成分表示」という．

つまり内積はベクトルの成分（スカラー）の積で表せるので，内積のことをスカラー積ともいい，その量はスカラーである．

演習 6.1

次の各組のベクトルの内積と，ベクトルのなす角を求めてみよう．

(1)　$\bm{a} = (1, 2, 1)$, $\bm{b} = (-1, 1, 2)$　　(2)　$\bm{a} = (2, 2\sqrt{2}, 6)$, $\bm{b} = (1, \sqrt{2}, 1)$

(3)　$\bm{a} = (1, 1, -4)$, $\bm{b} = (1, -2, 2)$

■ 流束はベクトルである

移動現象を解析するときの基本となる物理量は，質量流束（あるいは物質量流束），熱量流束，運動量流束で，これらは"単位断面積すなわち束(たば)あたりの移動速度"である．したがって，流束は物理量の「速度」であり，速度には向きと大きさ（速さ）があるから，いうまでもなくベクトルである．それをこれから述べる対流流束で確かめてみることにしよう．

流束には分子運動による流束（拡散流束）と流れの影響による流束（対流流束）とがあり，全体の流束はこれらの流束の和となる．

すき焼きの匂いが部屋中に漂うのは対流質量流束 $[\mathrm{kg/m^2 \cdot s}]$ による効果が大きく，その対流質量流束を支配しているのは匂いの物質の空気中での濃度（体積質量濃度）$[\mathrm{kg/m^3}]$ と空気の速度 $[\mathrm{m/s}]$ である．したがって，対流質量流束は物質の体積質量濃度と流体の速度の積で表される．

対流質量流束$[\mathrm{kg/m^2 \cdot s}]$ ＝ 体積質量濃度$[\mathrm{kg/m^3}]$ × 速度$[\mathrm{m/s}]$

床暖房の熱が部屋全体に拡がるのは対流熱量流束 $[\mathrm{J/m^2 \cdot s}]$ による効果で，その対流熱量流束を支配しているのは空気の密度 $[\mathrm{kg/m^3}]$，熱容量 $[\mathrm{J/kg \cdot K}]$，温度 $[\mathrm{K}]$，それに速度 $[\mathrm{m/s}]$ である．したがって，対流熱量流束は流体の密度と熱容量と温度と速度の積で表される．

対流熱量流束$[J/m^2 \cdot s]$
　$=$ 密度$[kg/m^3]$ × 熱容量$[J/kg \cdot K]$ × 温度$[K]$ × 速度$[m/s]$

さてここで，この式の流体の速度を除いた項の単位を調べてみよう．そうすると次のようになる．

密度 × 熱容量 × 温度 $= [kg/m^3][J/kg \cdot K][K] = [J/m^3]$

これは，物質の「体積質量濃度」に対応した「熱量濃度」とでもいえるような，いわゆる「濃度」になっている．

とすれば，対流運動量流束 $[(kg \cdot m/s)/m^2 \cdot s]$ は「運動量濃度」と流体の速度の積で表されることが推察できる．その運動量濃度の単位は，体積質量濃度や熱量濃度から推して $[(kg \cdot m/s)/m^3]$ となり，これを書きかえると，

$[(kg \cdot m/s)/m^3] = [kg/m^3][m/s]$
　　　　　　　　　$=$ 密度 × 速度

となる．ただし，ここでの密度と速度は対象としている物体（一般には，水のような流体を扱う場合が多い）の密度と速度である．

したがって，対流運動量流束は物体の密度と速度と流体の速度の積で表される．

対流運動量流束$[(kg \cdot m/s)/m^2 \cdot s]$
　$=$ 密度$[kg/m^3]$ × 速度$[m/s]$ × 速度$[m/s]$

このように，対流流束にはすべて流体の速度 $[m/s]$ の項が含まれ，流体の速度は前にも述べたようにベクトルだから，対流流束はベクトルである．そして，対流流束がベクトルならば流束そのものがベクトルだということになるので，三次元空間では，流束は x, y, z 方向の成分（スカラー）を持っている．

ただ，運動量は質量×速度で定義されるから，運動量それ自体がベクトルである．したがって，運動量流束は $3 \times 3 = 9$ 個の成分（スカラー）からなっている．

演習 6.2

ある均一系混合物が拡散の方向（一次元とする）に平均流速 $v_\mathrm{m}[\mathrm{m/s}]$ で流れている．このとき，混合物中の物質 A の拡散流束を $J_\mathrm{A}[\mathrm{mol/m^2 \cdot s}]$，体積モル濃度を $C_\mathrm{A}[\mathrm{mol/m^3}]$ とすると，物質 A の全物質量流束 $N_\mathrm{A}[\mathrm{mol/m^2 \cdot s}]$ は次式（すなわち，拡散流束と対流流束の和）で表されることを確かめてみよう．

$$N_\mathrm{A} = J_\mathrm{A} + v_\mathrm{m} C_\mathrm{A}$$

6.2 ベクトル場とスカラー場

　質量や電荷などの量をある空間に持ってきたとき，その量に力が働くような空間を「場」といい，重力場や電場などが工学でよく現れる場である．社会生活の中にも職場や現場などの場があるが，その場の中に身を置くと，いろいろな力が働くことを私たちは日々体験している．

　それはさておき，場にはベクトル場とスカラー場があり，ベクトル場には水の流れている川や空気の流れているダクトなどがある．そして，ベクトル場を $\boldsymbol{v}(x,y,z)$ で表すなら，$\boldsymbol{v}(x,y,z)$ は空間中に定めた位置 (x,y,z) における水や空気の速度などが規定できる．これに対して，スカラー場とは"霞や霧のようなもの"であり，スカラー場を $\phi(x,y,z)$ で表すと，$\phi(x,y,z)$ は空間の指定した位置 (x,y,z) における，たとえば霞や霧の濃さを表すものだと考えることができる．

　スカラー場 $\phi(x,y,z)$ であれ，ベクトル場 $\boldsymbol{v}(x,y,z)$ であれ，いずれも座標の関数である．であるから，座標についての微分（図形的には傾きを求めること）がいろいろな場面で必要になってくる．その中の「勾配」と「発散」と呼ばれる微分形について述べておこう．

　勾配（$\nabla \phi$ と書く）とは"スカラー場 $\phi(x,y,z)$ の傾き"のことであり，次のように定義される．

$$\nabla \phi = \left(\frac{\partial}{\partial x}, \frac{\partial}{\partial y}, \frac{\partial}{\partial z} \right) \phi = \left(\frac{\partial \phi}{\partial x}, \frac{\partial \phi}{\partial y}, \frac{\partial \phi}{\partial z} \right) \tag{6.1}$$

図6.2 勾配

ここで，∇（ナブラ）は数学的な命令を下す演算子の一つで，"関数 ψ の傾きを求めよ"と指示している．

この勾配 $\nabla\psi$ を二変数関数でたとえてみよう．変数が二つの関数 $\psi = \psi(x, y)$ があるとすると，$\nabla\psi$ とは "山の地点 (x, y) での最も傾斜の大きな斜面上の一本の線"を表している（図6.2）．なので，その線には向きと大きさがあるから勾配 $\nabla\psi$ はベクトルになる（定義式(6.1)からも明らかだ）．

なお，∇ と $\nabla\psi$ の内積（$\nabla \cdot \nabla\psi$）に対して次の等式（内積のベクトル成分表示式）が成り立つことを付け加えておこう．

$$\nabla \cdot \nabla\psi = \frac{\partial^2 \psi}{\partial x^2} + \frac{\partial^2 \psi}{\partial y^2} + \frac{\partial^2 \psi}{\partial z^2} \tag{6.2}$$

一方，発散（$\nabla \cdot \boldsymbol{v}$ と書く）とは "ベクトル場 $\boldsymbol{v}(x, y, z)$ の x 方向，y 方向，z 方向の傾きをすべて足し合わせたもの"で，ベクトル場の関数を $\boldsymbol{v}(v_x, v_y, v_z)$ で表せば，

$$\nabla \cdot \boldsymbol{v} = \frac{\partial v_x}{\partial x} + \frac{\partial v_y}{\partial y} + \frac{\partial v_z}{\partial z} \tag{6.3}$$

と定義される．したがって，発散 $\nabla \cdot \boldsymbol{v}$ はスカラーである．

たとえば，水の流れている配管にピンホール（小さい穴）ができると，水が噴水のごとくピンホールからほとばしり出る（図6.3）．この "ほとばしり出る水の量"が発散に相当すると思えばよい．

勾配と発散が移動現象を解釈するのにどのように利用できるのか，「当然だろう」，といわれることを覚悟して次に書いてみよう．ただし，移動現象を解析して導かれる式は，本書のこの時点ではまだ触れていない偏微分方程式である

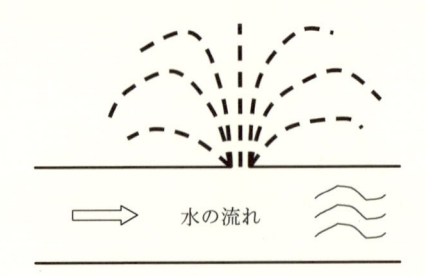

図6.3 発散

が，偏微分方程式の導き方と解き方については，あらためて記述することになるので軽い気持ちで読み進めていただきたい．

■ 濃度の分布には向きはない

物質は三次元空間を移動するから，その濃度は三次元空間を時間とともに変化する．そこで，流れ場の中に微小空間を仮想し，その微小空間を三次元的に出入りする単位時間あたりの物質量（物質量速度）[mol/s] についての収支式をたてて変形すれば，次の「物質移動を表す式」が導ける．

$$D\left(\frac{\partial^2 C}{\partial x^2} + \frac{\partial^2 C}{\partial y^2} + \frac{\partial^2 C}{\partial z^2}\right)$$
$$= \left(v_x \frac{\partial C}{\partial x} + v_y \frac{\partial C}{\partial y} + v_z \frac{\partial C}{\partial z}\right) + \frac{\partial C}{\partial t} - R \tag{6.4}$$

ここで，C [mol/m^3] は物質の体積モル濃度，R [mol/m^3·s] は反応速度，D [m^2/s] は拡散係数である．また，v_x, v_y, v_z は流れ場の流体（空気など）の速度 [m/s] の x, y, z 成分を示す．

では，物質は移動の過程で生成したり消失したりすることはない（$R = 0$）として，式(6.4) を勾配と発散で表すことにしよう．

そこでまず，式(6.4) の両辺を「内積のベクトル成分表示」に従って次のように書きかえる（左辺に対しては，式(6.2) を直接適用してもよい）．

$$D\left(\frac{\partial}{\partial x}, \frac{\partial}{\partial y}, \frac{\partial}{\partial z}\right) \cdot \left(\frac{\partial}{\partial x}, \frac{\partial}{\partial y}, \frac{\partial}{\partial z}\right) C$$
$$= (v_x, v_y, v_z) \cdot \left(\frac{\partial}{\partial x}, \frac{\partial}{\partial y}, \frac{\partial}{\partial z}\right) C + \frac{\partial C}{\partial t} \tag{6.5}$$

そして次に，$\left(\dfrac{\partial}{\partial x}, \dfrac{\partial}{\partial y}, \dfrac{\partial}{\partial z}\right) = \nabla$，$(v_x, v_y, v_z) = \boldsymbol{v}$ とおけば，式(6.5) は，

$$D(\nabla \cdot \nabla C) = (\boldsymbol{v} \cdot \nabla)C + \frac{\partial C}{\partial t} \tag{6.6}$$

となって，式(6.4)のベクトル（発散による）表記式が完成する．

式(6.6)の左辺の ∇C は勾配だから"濃度 C（スカラー場）の傾き（ベクトル）"を表し，$\nabla \cdot \nabla C$ はベクトル ∇ と ∇C の内積だからスカラーを表している．なので，式(6.6)の左辺は"濃度はパアッと拡がる"ということを表現している．

一方，式(6.6)の右辺の $\boldsymbol{v} \cdot \nabla$ は発散だから，$(\boldsymbol{v} \cdot \nabla)C$ は"流体流れ $\boldsymbol{v}$（ベクトル場）の中の濃度 C の傾きをすべて足し合わせたもの（スカラー）"を表している．ということは，右辺の第1項は"物質の濃度は流体の流れに乗って四方八方へ向かう"ことを意味している．また，右辺の第2項は"濃度の時間変化"である．

これらのことをまとめると，"物質の濃度は時間とともに三次元空間へパアッと拡がっていく"ということになり，私たちが日頃実感している現象そのものを式(6.4)は表現している．

■ 温度は時間とともにジワッと変化する

三次元の熱移動を表す式も，物質移動の場合と同じである．ただ違うのは体積モル濃度 $C[\mathrm{mol/m^3}]$ に代えて，熱量濃度 $\rho C_P T[\mathrm{J/m^3}]$（ただし，$T[\mathrm{K}]$ は温度，$\rho[\mathrm{kg/m^3}]$ は密度，$C_P[\mathrm{J/kg \cdot K}]$ は熱容量）を用いることである．

$$k\left(\frac{\partial^2 T}{\partial x^2} + \frac{\partial^2 T}{\partial y^2} + \frac{\partial^2 T}{\partial z^2}\right)$$
$$= \rho C_P\left(v_x\frac{\partial T}{\partial x} + v_y\frac{\partial T}{\partial y} + v_z\frac{\partial T}{\partial z}\right) + \rho C_P \frac{\partial T}{\partial t} - R \tag{6.7}$$

ここで，$k[\mathrm{J/m \cdot s \cdot K}]$ は熱伝導度である．

式(6.7)は流体の流れと熱の流れのある空間に微小空間を仮想し，その微小空間の中を熱が移動するとして導かれたものである．もし，流体の流れのない壁内のような固体空間を熱が移動するとすれば，固体内では対流がなく熱の発

生や消失もないと考えられるので，式(6.7)は次式のように簡単になる．

$$\alpha\left(\frac{\partial^2 T}{\partial x^2}+\frac{\partial^2 T}{\partial y^2}+\frac{\partial^2 T}{\partial z^2}\right)=\frac{\partial T}{\partial t} \tag{6.8}$$

ただし，$\alpha[\mathrm{m^2/s}]\ (=k/\rho C_P)$ は熱拡散係数と呼ばれ，物質の拡散係数 D と対応される定数である．

式(6.8)を「非定常熱伝導の式」と呼び，この式を勾配と発散で表すと次のようになる．

$$\alpha(\nabla\cdot\nabla T)=\frac{\partial T}{\partial t} \tag{6.9}$$

ここで，$\nabla\cdot\nabla T$ は ∇ と ∇T の内積（スカラー）を表しているから，式(6.9)の左辺は"温度はジワッと拡がる"ことを意味している．また右辺は"温度の時間変化"である．なので，式(6.9)は"温度は固体の中をジワッと拡がって，時間とともに変化していく"ことをいい表している．

■ 流体はとぎれることなく流れる

流体の移動する空間に微小空間を仮想し，その微小空間を三次元的に出入りする，単位時間あたりの質量（質量速度）[kg/s]の収支をとると，流体力学で広く用いられる「非定常流れの連続の式」が次のように導かれる．

$$\frac{\partial(\rho v_x)}{\partial x}+\frac{\partial(\rho v_y)}{\partial y}+\frac{\partial(\rho v_z)}{\partial z}=-\frac{\partial \rho}{\partial t} \tag{6.10}$$

ここで，$\rho[\mathrm{kg/m^3}]$ は流体の密度，v_x，v_y，v_z は流体の速度 $\boldsymbol{v}[\mathrm{m/s}]$ の x，y，z 成分である．

では，式(6.10)を発散で表すことにしよう．そのためにまず，式(6.10)を次のように書きかえる．

$$\left(\frac{\partial}{\partial x},\frac{\partial}{\partial y},\frac{\partial}{\partial z}\right)\cdot(\rho v_x,\rho v_y,\rho v_z)=-\frac{\partial \rho}{\partial t} \tag{6.11}$$

そして次に，$\left(\frac{\partial}{\partial x},\frac{\partial}{\partial y},\frac{\partial}{\partial z}\right)=\nabla$，$(\rho v_x,\rho v_y,\rho v_z)=\rho\boldsymbol{v}$ とおくと式(6.11)は，

$$\nabla\cdot\rho\boldsymbol{v}=-\frac{\partial \rho}{\partial t} \tag{6.12}$$

と表され，式(6.10)のベクトル（発散による）表記式が得られる．

式(6.12)の左辺は発散を表し，"ベクトル場$\rho\boldsymbol{v}$のx, y, z方向の傾きをすべて足し合わせたもの（スカラー）"である．この発散（すなわち流体の量）が，流体の流れる空間内のどの場所でも同じ$\partial\rho/\partial t$（場所に無関係な値）だということは，私の勝手な解釈かもしれないが，「流体はとぎれることなく流れている」ことを意味している．式(6.10)が「流体流れの連続の式」と呼ばれる理由はここにある（と思っている）．

最後に式を一つ追加する．流体流れの連続の式(6.10)を「非圧縮性流体」に適用してみよう．非圧縮性流体とは，"密度ρの時間と空間に対する変化が無視できる流体"のことをいい，圧力変化の小さい気体や通常の液体がこれに相当する．そのような非圧縮性流体に対する連続の式は，密度ρが変化しないので次のように簡単になる．

$$\frac{\partial v_x}{\partial x} + \frac{\partial v_y}{\partial y} + \frac{\partial v_z}{\partial z} = 0 \tag{6.13}$$

第7話

移動現象の解析に不可欠な 関数の近似

　関数 $y = f(x)$ は比較的簡単な形をしたものから複雑なものまで千差万別である．一次関数や二次関数ならば，独立変数 x の値に対する従属変数 y の値は容易に計算できる．ところが対数関数や三角関数になると，y の値が直ちに求まるのは x が特定の値のときだけであって，一般には y の値が容易に計算できるという保証はない．

　さらに，物理量の微小な変化量を知りたいとき，関数の形が単純であれば問題なくその値は求まるが，関数の形が不明だったり複雑な場合にはそう簡単には求められない．

　ということで工学の分野では，複雑な関数の値を求めたり，込み入った事象を解明する手段として関数の近似はきわめて重要である．化学工学においては特に，物質量や熱量や運動量の移動を表す微分方程式や偏微分方程式をたてるときなどに，関数（または関数の値）の近似が不可欠となる．

7.1　マクローリン展開とテイラー展開

　マクローリン（Maclaurin）展開やテイラー（Taylor）展開は，関数を無限べき級数に展開する式であり，次のように表される．

一変数関数 $f(x)$ が与えられたとき，$f(x)$ が次式のような無限べき級数で表されたとする．

$$f(x) = a_0 + a_1 x + a_2 x^2 + \cdots\cdots + a_n x^n + \cdots\cdots \tag{7.1}$$

この関数 $f(x)$ が $x=0$ で何回も微分できるとすれば，式(7.1) を一次，二次，三次，……と順々に微分することにより，係数 $a_0, a_1, a_2, \cdots\cdots, a_n, \cdots\cdots$ が次のように決まる．

$$a_n = \frac{f^{(n)}(0)}{n!} \quad (n = 0, 1, 2, \cdots\cdots)$$

したがって，関数 $f(x)$ は次式(7.2) のような無限べき級数で表すことができる．この無限べき級数を $f(x)$ の「マクローリン展開」という．

$$f(x) = f(0) + f'(0)x + \frac{f''(0)}{2!}x^2 + \cdots\cdots + \frac{f^{(n)}(0)}{n!}x^n + \cdots\cdots \tag{7.2}$$

また，関数 $f(x)$ が $x = h$ で何回でも微分できるとき，$(x-h)$ についての無限べき級数

$$f(x) = f(h) + f'(h)(x-h) + \frac{f''(h)}{2!}(x-h)^2 \\ + \cdots\cdots + \frac{f^{(n)}(h)}{n!}(x-h)^n + \cdots\cdots \tag{7.3}$$

を $f(x)$ の $x = h$ における「テイラー展開」という．

なお，マクローリン展開は $x = 0$ におけるテイラー展開なので，マクローリン展開も含めてテイラー展開と呼ぶこともある．

演習 7.1

次の関数のマクローリン展開を求めてみよう．

　(1)　$\ln(1+x)$　　(2)　$\sin x$　　(3)　$\cos x$

演習 7.2

次の関数の $x = 1$ におけるテイラー展開を求めてみよう．

　(1)　$\ln x$　　(2)　e^x

◼ 溶液の沸点上昇を式で表す

水（溶媒）に食塩（溶質）を加えると食塩水（溶液）の沸点は水の沸点よりも高くなる．私たちがよく知っている溶液の沸点上昇だ．この沸点上昇を式で表すことにしよう．

溶媒1のモル分率をx_1，溶質2（不揮発性物質だとする）のモル分率を$x_2(=1-x_1)$とし，溶媒と溶質からなる溶液は理想溶液を仮定する．そうすると，溶媒1の気相の化学ポテンシャル（溶質が不揮発性なので純粋溶媒1の気相の化学ポテンシャルになる）と液相の化学ポテンシャルは等しいから次式(7.4)が成り立つ．なぜそうなるかは，相平衡に関する熱力学書あるいは拙著『化学工学のための熱力学』日刊工業新聞社（2012）を参照されたい．

$$\mu_1^g = \mu_1^l + RT \ln x_1 \tag{7.4}$$

ここで，R[J/mol・K]は気体定数，μ[J/mol]は化学ポテンシャル，上添字のgとlは気相と液相を表している．

式(7.4)を次のように変形する．

$$\mu_1^g - \mu_1^l = RT \ln x_1 \tag{7.5}$$

式(7.5)の$\mu_1^g - \mu_1^l$は，純粋溶媒1の蒸発にともなうモルあたりのギブズ自由エネルギー変化だから，これをΔG^V[J/mol]と書くと式(7.5)は次のように表される．

$$\frac{\Delta G^V}{T} = R \ln x_1 \tag{7.6}$$

式(7.6)に，第5話で取り扱った次のギブズ-ヘルムホルツの式(7.7)を適用する（ただし，ΔH^V[J/mol]は蒸発にともなうエンタルピー変化つまり蒸発熱である）．

$$\frac{d(\Delta G^V/T)}{dT} = -\frac{\Delta H^V}{T^2} \quad (\text{圧力は一定とする}) \tag{7.7}$$

そうすると，式(7.6)は次式のようになる．

$$-\frac{\Delta H^V}{T^2} = \frac{d}{dT}(R \ln x_1) \text{ より，}$$

$$-\frac{\Delta H^{\mathrm{v}}}{RT^2}\mathrm{d}T = \mathrm{d}\ln x_1 \tag{7.8}$$

蒸発熱 ΔH^{v} を一定として，式(7.8)を純粋溶媒（$x_1 = 1$）の沸点 $T_0[\mathrm{K}]$ から，ある組成 x_1 のときの沸点 $T[\mathrm{K}]$ まで積分すると次式が得られる．

$$-\frac{\Delta H^{\mathrm{v}}}{R}\left(\frac{1}{T_0} - \frac{1}{T}\right) = \ln x_1$$
$$= \ln(1 - x_2) \tag{7.9}$$

ここで T_0 と T はそれほど差がないと考えられるから，次のようにおける．

$$\frac{1}{T_0} - \frac{1}{T} = \frac{T - T_0}{T_0 T} \fallingdotseq \frac{\Delta T}{T_0^2} \tag{7.10}$$

また $x_2 \ll 1$ だから，次のように近似できる．

$$\ln(1 - x_2) \fallingdotseq -x_2 \tag{7.11}$$

数学的にいえば，式(7.11)がポイントである．熱力学書や化学工学書の多くは，式(7.11)をサラリと当然のごとく書いてあるが，式(7.11)が導けるのは次のマクローリン展開に由来している．

$$\ln(1 - x_2) = -x_2 - \frac{1}{2}x_2^2 - \frac{1}{3}x_2^3 - \cdots\cdots$$

ここで，x_2 は 0 に近い値なので，微小量の積はより微小量だから x_2^2 以降の項は無視でき，したがって式(7.11)で近似できるのである．

近似的に求めた式(7.10)と式(7.11)を式(7.9)に適用すれば，次の沸点上昇を表す式が得られる．

$$\Delta T = \frac{RT_0^2}{\Delta H^{\mathrm{v}}}x_2$$

◼ ある形の分数関数は簡単な割り算でべき級数が求まる

マクローリン展開にしろテイラー展開にしろ，べき級数を求めるには，与えられた関数の一次導関数，二次導関数，三次導関数，……と微分をくり返さなければならず，目的の式にたどり着くまでがなかなか面倒だ．

これに対して，関数が $1/(1-x)$ や $1/(1+x^2)$ など，ある特定の形をした

分数関数ならば，小学校で習った割り算（高校の数学でいえば，整式の除法）を使うと簡単にべき級数が求まる．

たとえば，$1/(1-x)$ のマクローリン展開は，

$$\frac{1}{1-x} = 1 + x + x^2 + x^3 + \cdots\cdots$$

となるが，$1 \div (1-x)$ すなわち "1 を $(1-x)$ で割る" 操作を続けていけば，いともたやすく同じ結果が得られる．

$$\begin{array}{r}
1 + x + x^2 + x^3 + x^4 + \cdots\cdots \\
1-x \overline{) 1 } \\
\underline{1 - x} \\
x \\
\underline{x - x^2} \\
x^2 \\
\underline{x^2 - x^3} \\
x^3 \\
\underline{x^3 - x^4} \\
x^4 \\
\cdots\cdots
\end{array}$$

7.2 微分係数と差分近似

テイラー展開の式 (7.3) において，$x - h = \Delta a$ とおき，さらに h を a におきかえれば $x = a + \Delta a$ となるので，テイラー展開は次式のように書き直せる．

$$f(a + \Delta a) = f(a) + f'(a)\Delta a + \frac{f''(a)}{2!}(\Delta a)^2 + \cdots\cdots \quad (7.12)$$

他方，関数 $f(x)$ の $x = a$ における微分係数 $f'(a)$ は次式で定義される．

$$\lim_{\Delta a \to 0} \frac{f(a + \Delta a) - f(a)}{\Delta a} = f'(a) \quad (7.13)$$

ここで，Δa が非常に小さな値（ただし，有限の値）だとすれば，式 (7.13) は次式のように表すことができる．

$$\frac{f(a + \Delta a) - f(a)}{\Delta a} \fallingdotseq f'(a) \quad (7.14)$$

この式より，関数の値 $f(a+\Delta a)$ は次のように近似できる．これを「一次近似」という．

$$f(a+\Delta a) \fallingdotseq f(a) + f'(a)\Delta a \tag{7.15}$$

以上のことから，"微分係数を定める際の増分を有限の微小量とみなせば，近傍の関数値は増分の一次で近似でき，その近似式はテイラー展開の第3項以降を無視した式に等しい"ことがわかる．

微分係数 $f'(a)$ は知ってのとおり，関数 $f(x)$ の $x=a$ における接線の傾きである．この傾きを直線 PR の傾きで近似する（図7.1）．そうすると，$f'(a)$ は次式で表される．これを「前進差分近似」という．

$$f'(a) = \frac{f(a+\Delta a) - f(a)}{\Delta a} \tag{7.16}$$

式(7.16)から式(7.15)が得られるので，前進差分近似は関数の値 $f(a+\Delta a)$ の一次近似値を与える．

今度は，接線の傾きを直線 QR の傾きで近似する（図7.1を参照）．そうすると，次式が得られる．これを「中心差分近似」という．

$$f'(a) = \frac{f(a+\Delta a) - f(a-\Delta a)}{2\Delta a} \tag{7.17}$$

式(7.17)を変形すれば次式となる．

$$f(a-\Delta a) = f(a+\Delta a) - 2f'(a)\Delta a \tag{7.18}$$

引き続いて，式(7.17)と同じような考え方で中心差分近似による二次微分係

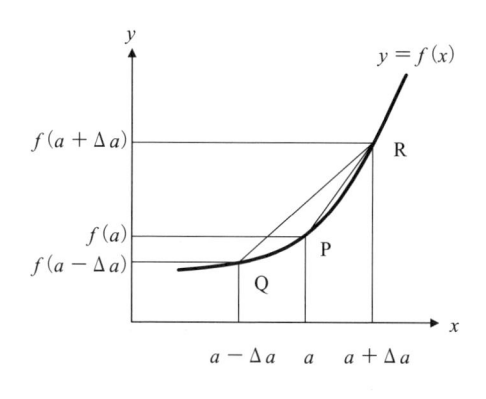

図7.1 差分近似

数 $f''(a)$ を求める.

$$f''(a) = \frac{f'(a+\Delta a) - f'(a-\Delta a)}{2\Delta a}$$

$$= \frac{1}{2\Delta a}\left\{\frac{f(a+2\Delta a) - f(a)}{2\Delta a} - \frac{f(a) - f(a-2\Delta a)}{2\Delta a}\right\}$$

$$= \frac{1}{(2\Delta a)^2}\{f(a+2\Delta a) - 2f(a) + f(a-2\Delta a)\} \qquad (7.19)$$

ここで，あらためて $2\Delta a = \Delta a$ とおけば，式(7.19) は次式となる.

$$f''(a) = \frac{1}{(\Delta a)^2}\{f(a+\Delta a) - 2f(a) + f(a-\Delta a)\} \qquad (7.20)$$

そうして，式(7.20) の $f(a-\Delta a)$ に式(7.18) を代入して $f(a+\Delta a)$ を求めれば，次式が得られる.

$$f(a+\Delta a) = f(a) + f'(a)\Delta a + \frac{f''(a)}{2}(\Delta a)^2 \qquad (7.21)$$

式(7.21) が関数の値 $f(a+\Delta a)$ の二次近似値であり，テイラー展開式(7.12) の第 4 項以降を無視した式と一致する.

演習 7.3

二変数関数 $f(x,y)$ の二次偏導関数 $\partial^2 f/\partial x^2$ の前進差分近似が，次式のように表せることを確かめてみよう.

$$\frac{\partial^2 f}{\partial x^2} = \frac{f(x+2\Delta x, y) - 2f(x+\Delta x, y) + f(x,y)}{(\Delta x)^2}$$

■ 一次近似と二次近似の意味を感覚的に理解する

関数の値 $f(a+\Delta a)$ の一次近似と二次近似を感覚的（図形的）に理解しておこう（図 7.2）.

関数 $y = f(x)$ 上の点 P における関数の値 $f(a)$ は，$x = a + \Delta a$ における関数の値 $f(a+\Delta a)$ の 0 次近似である.

点 P で接線を引いて，その傾きから $x = a + \Delta a$ における線分 DE を求めると $f'(a)\Delta a$ となり，この値に 0 次近似の $f(a)$ を足せば一次近似となる.

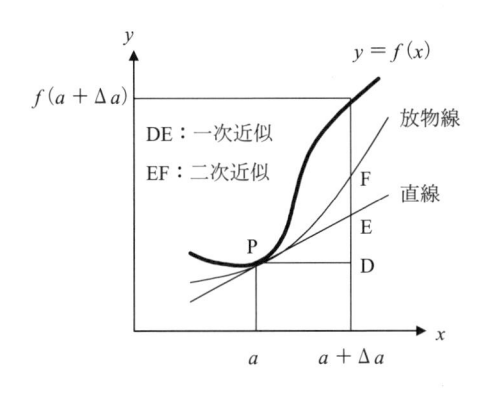

図7.2 近似の図形的意味

　近似の精度をさらに高めるために，点 P で曲線 $f(x)$ に接する放物線をあてはめると，その放物線から求めた線分 EF は $f''(a)(\Delta a)^2/2$ となる．したがって，この値に一次近似の項を足せば二次近似となる．

　関数の値 $f(a+\Delta a)$ の真値に近づけるためには三次近似，四次近似，……と近似の項を増やさなければならない．この究極の姿がテイラー展開だが，化学工学上の実用性という意味では一次近似か，せいぜい二次近似で十分だ．

■ 円筒缶に入れた塗料に含まれる溶剤が揮散する

　円筒缶に入れた塗料に含まれる有機溶剤が揮散するとき，缶の中の空間部にどのような濃度分布が現れるのか，その濃度分布を求める微分方程式をたてることにしよう．ただし，揮散成分の濃度分布は時間が経っても変化しない（定常状態にある）とし，また缶は円筒缶だが，水平方向（x, y 方向）に濃度は同じで，缶の高さ方向（z 方向）にのみ濃度が変化すると考える．

　このような前提のもとで，缶内の空間部に z 軸に直交する微小厚さ $\Delta z[\mathrm{m}]$ の円板（スライスハム）状の微小空間を仮想し，そこでの物質収支をとる（図7.3）．なぜ微小空間を仮想するかというと，微小な空間の中では濃度は一様だとみなせるので，微小空間内の場所ごとでの濃度変化を考えなくてもよいからである．

　揮散成分の物質量流束（ベクトル）の z 成分（スカラー）を $N_z[\mathrm{mol/m^2 \cdot s}]$ とし，微小空間の断面積を $S[\mathrm{m^2}]$ とするなら，単位時間あたりに微小空間へ入る揮散成分の物質量（物質量速度）$[\mathrm{mol/s}]$ と出る物質量（物質量速度）は等

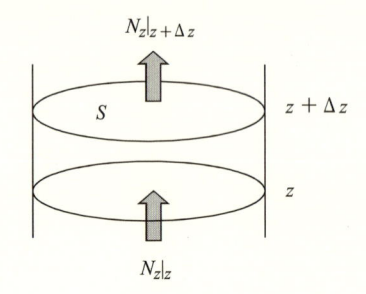

図7.3 微小空間を出入りする物質量流束

しいので次式が成り立つ．
$$S \times N_z|_{z+\Delta z} - S \times N_z|_z = 0 \tag{7.22}$$
ここで，$N_z|_{z+\Delta z}$ と $N_z|_z$ はそれぞれ，微小空間の出口（$z = z + \Delta z$）と入口（$z = z$）における物質量流束の z 成分を表している．

式(7.22) の両辺を S で割れば次式となる．
$$N_z|_{z+\Delta z} - N_z|_z = 0 \tag{7.23}$$
$N_z|_{z+\Delta z}$ に関数の値の一次近似式(7.15) を適用すると，
$$N_z|_{z+\Delta z} = N_z|_z + \left.\frac{dN_z}{dz}\right|_z \Delta z \tag{7.24}$$
となるので，式(7.24) を式(7.23) に代入し，添字の z を変数（z は缶の高さ方向の任意の値だから）とみなせば次式が得られる．
$$\frac{dN_z}{dz} = 0 \tag{7.25}$$

さてここで，N_z について考えてみよう．缶の中には流れがないから対流流束は生じないので，N_z は拡散流束の z 成分（これを J_z とする）だけになる（すなわち $N_z = J_z$）．そして，拡散は物質の濃度の高いところから低い方へ移動する現象なので，静止流体の中で物質の濃度 $C[\text{mol/m}^3]$ が z 方向へ変化するとき，その流束の z 成分 $J_z[\text{mol/m}^2\cdot\text{s}]$ は次の「フィック（Fick）の法則」で表される．
$$J_z = -D\frac{dC}{dz} \quad (D[\text{m}^2/\text{s}] \text{ は拡散係数}) \tag{7.26}$$

この J_z を式(7.25)の N_z に適用すると,

$$\frac{\mathrm{d}}{\mathrm{d}z}\left(-D\frac{\mathrm{d}C}{\mathrm{d}z}\right) = 0 \tag{7.27}$$

となり,拡散係数 D を定数とすれば次式が得られる.

$$\frac{\mathrm{d}^2 C}{\mathrm{d}z^2} = 0 \tag{7.28}$$

この式が,円筒缶内空間部に揮散する成分の濃度分布 C を求める微分方程式である.

ここで,濃度分布を求める微分方程式(7.28)を導くまでの式(7.23)から式(7.25)にいたる過程が,いい回しのうえで,人によって少し違うことを付言しておこう(もちろん,どれも同じことをいっている).

① 式(7.23)の両辺を Δz で割り,左辺に対して $\Delta z \to 0$ の極限をとると,「微分の定義」に従って式(7.25)が得られる.

② $N_z|_{z+\Delta z}$ は Δz による第2項までの「テイラー展開」から式(7.24)となり,式(7.24)を式(7.23)に代入して式(7.25)が得られる.

③ 関数の値 $N_z|_{z+\Delta z}$ の「一次近似」から式(7.24)となり,この式を式(7.23)に代入して式(7.25)が得られる.

ここで使ったのは③(これからもこのような表記を踏襲する)だが,読者にとってわかりやすい"いい表し方"はどれだろうか.

第8話

物質と熱と運動量の *移動* を体現する
三次元非定常式

　第7話の後半で，移動現象を式で表現する例として，物質移動に関する最も簡単なケースの微分方程式をつくってみた．その続きとして，ここではさまざまな移動現象を解き明かすための基本となり広く応用できる，偏微分方程式（いわゆる三次元の非定常式）を導くことにしよう．そのような「三次元の非定常式」は次の手順を踏むことによってできあがる．

　移動現象を解析する領域（つまり空間）について，① 領域の特徴に合わせて座標系を選んで，② 座標系の中に微小空間を仮想し，③ 微小空間を三次元的に出入りする物理量（物質量，熱量，運動量）の収支式をたて，④ 物理量の流束を対流流束と拡散流束の和で表す．

8.1　物質移動を表す式

　非定常状態にある三次元の物質移動は次式(8.1)で表せるということを第6話で述べたが，そのときは単に式を眺めながら通り過ぎただけだった．

$$D\left(\frac{\partial^2 C}{\partial x^2} + \frac{\partial^2 C}{\partial y^2} + \frac{\partial^2 C}{\partial z^2}\right) = \left(v_x\frac{\partial C}{\partial x} + v_y\frac{\partial C}{\partial y} + v_z\frac{\partial C}{\partial z}\right) + \frac{\partial C}{\partial t} - R$$

(8.1)

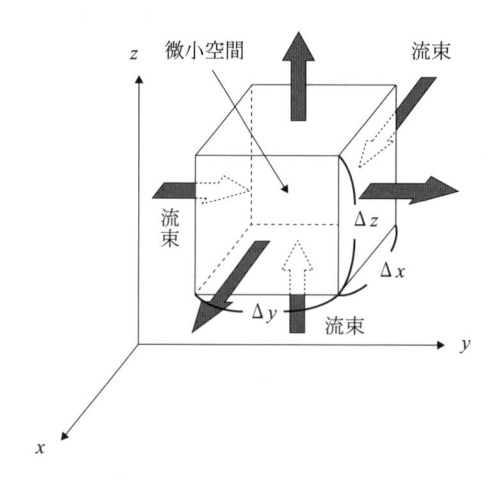

図8.1 流れ場に仮想した微小空間

どのようにしてこの「物質移動を表す式」がつくられるのか，上で述べた手順に従って導くことにしよう．

流れのある空間を物質が移動する方向は，縦，横，高さで表すのが最もわかりやすいので，座標系には x, y, z 軸からなる直交座標を選ぶことにして，物質の移動する空間に x, y, z 軸に平行な微小幅 $\Delta x, \Delta y, \Delta z [\mathrm{m}]$ の直方体状の微小空間を仮想する（図8.1）．

そうしておいて，空間内を移動する物質量流束（ベクトル）の x 成分，y 成分，z 成分（スカラー）をそれぞれ $N_x, N_y, N_z [\mathrm{mol/m^2 \cdot s}]$，微小空間にある物質の体積モル濃度を $C[\mathrm{mol/m^3}]$，物質の生成速度（反応速度）を $R[\mathrm{mol/m^3 \cdot s}]$ として，単位時間あたりの物質量（物質量速度）[mol/s] の収支式

［微小空間に入る物質量］＋［微小空間で生成する物質量］
－［微小空間から出る物質量］＝［微小空間に蓄積する物質量］

の各項を式で表す．

ただし，微小空間から出る物質量流束の各成分（$N_x|_{x+\Delta x}$ など）については，第7話で述べた「関数の値の一次近似」を用いて近似する．

■ 微小空間に入る物質量（正しくは物質量速度．以下同じ）

$\Delta y \Delta z$ 面から入る　　　$\Delta y \Delta z N_x|_x$

$\Delta z \Delta x$ 面から入る　　　$\Delta z \Delta x N_y|_y$

$\Delta x \Delta y$ 面から入る　　$\Delta x \Delta y N_z |_z$

■　微小空間から出る物質量

$\Delta y \Delta z$ 面の対面から出る　　$\Delta y \Delta z N_x |_{x+\Delta x}$

$$= \Delta y \Delta z \left(N_x |_x + \Delta x \frac{\partial N_x}{\partial x} \bigg|_x \right)$$

$\Delta z \Delta x$ 面の対面から出る　　$\Delta z \Delta x N_y |_{y+\Delta y}$

$$= \Delta z \Delta x \left(N_y |_y + \Delta y \frac{\partial N_y}{\partial y} \bigg|_y \right)$$

$\Delta x \Delta y$ 面の対面から出る　　$\Delta x \Delta y N_z |_{z+\Delta z}$

$$= \Delta x \Delta y \left(N_z |_z + \Delta z \frac{\partial N_z}{\partial z} \bigg|_z \right)$$

■　微小空間で生成する物質量　　$\Delta x \Delta y \Delta z (R)$

■　微小空間に蓄積する物質量　　$\Delta x \Delta y \Delta z \dfrac{\partial C}{\partial t}$　　(t[s] は時間)

これらの式を上に示した収支式に代入したあと，辺々を $\Delta x \Delta y \Delta z$（微小空間の体積）で割り，さらに偏微分係数の添字 x, y, z を変数とみなせば次式が得られる．

$$\frac{\partial N_x}{\partial x} + \frac{\partial N_y}{\partial y} + \frac{\partial N_z}{\partial z} = -\frac{\partial C}{\partial t} + R \tag{8.2}$$

これで一応，三次元の物質移動を表す式の原型ができあがった．引き続いて，物質量流束の各成分 N_x, N_y, N_z を対流流束と拡散流束（の各成分）の和で表すことにしよう．

そこで，流れ場（空気など）の速度（ベクトル）の x, y, z 成分（スカラー）を v_x, v_y, v_z[m/s] として対流流束（第6話で述べた）の各成分を求め，物質の拡散流束の x, y, z 成分に「フィックの法則」（第7話で述べた）を適用すれば，N_x, N_y, N_z は次のように表される（ただし，D[m²/s] は拡散係数である）．

$$N_x = C v_x - D \frac{\partial C}{\partial x}$$

$$N_y = Cv_y - D\frac{\partial C}{\partial y}$$

$$N_z = Cv_z - D\frac{\partial C}{\partial z}$$

これらを式(8.2)に適用し，空間の流体速度 v_x, v_y, v_z は物質が移動しても変化しないとして変形・整理すれば，式(8.1)が得られる．

あえていう必要はないかもしれないが，式(8.1)の左辺は拡散項，右辺の第1項は対流項，第2項は蓄積項，第3項は生成項を表している．

演習 8.1

圧縮性流体（圧力の増減によって体積が変化する気体で代表される流体）の移動する三次元空間に微小空間を仮想し，その空間を移動する流体の質量速度 [kg/s] の収支をとると，次の「非定常流れの連続の式」（第6話の式(6.10)）が導けることを確かめてみよう．

$$\frac{\partial(\rho v_x)}{\partial x} + \frac{\partial(\rho v_y)}{\partial y} + \frac{\partial(\rho v_z)}{\partial z} = -\frac{\partial \rho}{\partial t}$$

ここで，$\rho\,[\mathrm{kg/m^3}]$ は流体の密度，v_x, v_y, v_z は流体の速度 $\boldsymbol{v}\,[\mathrm{m/s}]$ の x, y, z 成分である．

8.2 熱移動を表す式

非定常状態にある三次元の「熱移動を表す式」も，物質移動を表す式と同様の手順で導ける．

流体の流れと熱の流れのある空間に微小空間を仮想し，その微小空間を熱が移動するとして，単位時間あたりの熱量（熱量速度）[J/s] の収支式をたてればよい．ただ違うのは，物質移動の場合に用いた体積モル濃度 $C\,[\mathrm{mol/m^3}]$ に代えて，熱量濃度 $\rho C_P T\,[\mathrm{J/m^3}]$（ここで，$\rho\,[\mathrm{kg/m^3}]$ は密度，$C_P\,[\mathrm{J/kg\cdot K}]$ は熱容量，$T\,[\mathrm{K}]$ は温度）を適用することであり，その最終的な結果が第6話に示した次式(8.3)である（ただし，$k\,[\mathrm{J/m\cdot s\cdot K}]$ は熱伝導度，$R\,[\mathrm{J/m^3\cdot s}]$ は熱の生成速度）．

$$k\left(\frac{\partial^2 T}{\partial x^2} + \frac{\partial^2 T}{\partial y^2} + \frac{\partial^2 T}{\partial z^2}\right)$$
$$= \rho C_P \left(v_x \frac{\partial T}{\partial x} + v_y \frac{\partial T}{\partial y} + v_z \frac{\partial T}{\partial z}\right) + \rho C_P \frac{\partial T}{\partial t} - R \tag{8.3}$$

式(8.3) が導かれるまでのポイントとなる式を以下に示しておこう．

空間を移動する熱量流束 [J/m²・s]（ベクトル）の x, y, z 成分（スカラー）をそれぞれ H_x, H_y, H_z とすれば，微小空間内の熱収支は次式で表される．

$$\frac{\partial H_x}{\partial x} + \frac{\partial H_y}{\partial y} + \frac{\partial H_z}{\partial z} = -\rho C_P \frac{\partial T}{\partial t} + R \tag{8.4}$$

拡散熱量流束の x, y, z 成分のそれぞれに対して，よく知られた「フーリエの法則」($q_x = -k(\partial T/\partial x)$ など）を適用し，対流熱量流束（第6話で述べた）の各成分との和をとれば H_x, H_y, H_z は，

$$H_x = \rho C_P T v_x - k\frac{\partial T}{\partial x}$$

$$H_y = \rho C_P T v_y - k\frac{\partial T}{\partial y}$$

$$H_z = \rho C_P T v_z - k\frac{\partial T}{\partial z}$$

と表されるので，これらを式(8.4) に代入して変形・整理すれば，式(8.3) が得られる．

8.3 運動量移動を表す式

運動量の移動を表す式についても，上に述べた物質の移動や熱の移動と同じ手続きによって導くことができる．ただし運動量はベクトルなので，運動量自体が x, y, z 方向の成分（方向成分）を持っているから，それぞれの方向成分に対する運動量流束（ベクトル）がある．

なのでここでは，3方向ある運動量の移動のうち x 方向の運動量移動を表す三次元の非定常式のみを，運動量流束 $\boldsymbol{M}_x$[(kg・m/s)/m²・s] を用いてザッと述べることにする．もし詳しい導き方に関心があるなら，拙著『身近な移動現象

のはなし』日刊工業新聞社（2011）を参照されたい．

空間を移動する流体の運動量流束 $\boldsymbol{M}_x$ の x, y, z 成分（スカラー）を M_{xx}, M_{yx}, M_{zx}，流体の密度を $\rho [\mathrm{kg/m^3}]$，速度の x 成分を $v_x [\mathrm{m/s}]$，単位体積あたりの運動量の生成速度の x 成分を $R_x [(\mathrm{kg \cdot m/s})/\mathrm{m^3 \cdot s}]$ とすると，仮想した微小空間における単位体積・単位時間あたりの運動量 $[(\mathrm{kg \cdot m/s})/\mathrm{m^3 \cdot s}]$ の収支は次式のように表せる．

$$\frac{\partial M_{xx}}{\partial x} + \frac{\partial M_{yx}}{\partial y} + \frac{\partial M_{zx}}{\partial z} = -\frac{\partial (\rho v_x)}{\partial t} + R_x \tag{8.5}$$

拡散運動量流束（せん断応力ともいう）の x 方向成分（ベクトル）の x, y, z 成分（スカラー）に対して，周知の「ニュートン（Newton）の粘性法則」（$\tau_{xx} = -\mu(\partial v_x/\partial x)$ など）を適用し，対流運動量流束（第6話で述べた）の各成分との和をとれば M_{xx}, M_{yx}, M_{zx} は次のように表される（ただし，$\mu [\mathrm{kg/m \cdot s}]$ は流体の粘度）．

$$M_{xx} = \rho v_x v_x - \mu \frac{\partial v_x}{\partial x}$$

$$M_{yx} = \rho v_x v_y - \mu \frac{\partial v_x}{\partial y}$$

$$M_{zx} = \rho v_x v_z - \mu \frac{\partial v_x}{\partial z}$$

これらを式(8.5)に代入して変形・整理すれば，「x 方向の運動量移動を表す式」が次のように得られる．

$$\mu \left(\frac{\partial^2 v_x}{\partial x^2} + \frac{\partial^2 v_x}{\partial y^2} + \frac{\partial^2 v_x}{\partial z^2} \right)$$
$$= \rho \left(v_x \frac{\partial v_x}{\partial x} + v_y \frac{\partial v_x}{\partial y} + v_z \frac{\partial v_x}{\partial z} \right) + \rho \frac{\partial v_x}{\partial t} - R_x \tag{8.6}$$

■ ナビエ-ストークスの運動方程式を導く

x 方向の運動量移動を表す式(8.6)の生成項 R_x は，"単位体積あたりの運動量の生成速度の x 成分"だと述べたが，もう少し具体的にわかりやすくいうならば，"単位体積の流体にかかる外力の x 成分の合計"である．

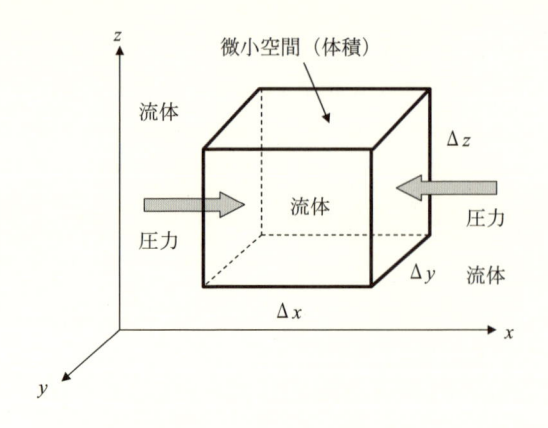

図8.2 微小体積にかかる圧力

　微小空間（微小体積）を占めている流体には，圧力による「面積に比例する外力」と，重力のように「質量に比例する外力」が働いている．

　そこでまず，「面積に比例する外力」について考えてみることにしよう（図8.2）．いま x 方向だけを考えると，微小体積の中の流体には，周囲の流体からの圧力 $P[\text{kg/m} \cdot \text{s}^2]$ による外力 $[\text{kg} \cdot \text{m/s}^2]$ が x 方向の外側から内側に向かってかかっている．すなわち外力は，

$\Delta y \Delta z$ 面に対して　　　　　$\Delta y \Delta z P|_x$

$\Delta y \Delta z$ 面の対面に対して　　$\Delta y \Delta z P|_{x+\Delta x} = \Delta y \Delta z \left(P|_x + \Delta x \dfrac{\partial P}{\partial x}\bigg|_x \right)$

となる．なおここで，$P|_{x+\Delta x}$（$x = x + \Delta x$ における圧力）には，第7話で述べた「関数の値の一次近似」を適用していることに注意されたい．

　したがって，圧力によって微小体積内の流体が受ける外力は，偏微分係数の添字 x を変数とみなせば次のように表される．

$$\Delta y \Delta z (P|_x - P|_{x+\Delta x}) = -\Delta y \Delta z \Delta x \dfrac{\partial P}{\partial x} \tag{8.7}$$

　次に，「質量に比例する外力」について考えてみよう．流体の密度を ρ $[\text{kg/m}^3]$ とすれば，微小体積内の流体の質量は $\rho \Delta x \Delta y \Delta z$ となり，流体の単位質量にかかる力が重力のみだと考えると，外力 $[\text{kg} \cdot \text{m/s}^2]$ は次のようになる（重力加速度の x 成分を $g_x[\text{m/s}^2]$ とする）．

$$\Delta x \Delta y \Delta z (\rho g_x) \tag{8.8}$$

したがって，生成項 R_x（単位体積の流体にかかる外力の x 成分の合計）は，式(8.7)と式(8.8)の和を $\Delta x \Delta y \Delta z$ で割って次のように得られる．

$$R_x = -\frac{\partial P}{\partial x} + \rho g_x$$

この R_x を式(8.6)の R_x に適用すれば，かの「ナビエ-ストークス（Navier-Stokes）の運動方程式」が次式として導かれる．

$$\mu \left(\frac{\partial^2 v_x}{\partial x^2} + \frac{\partial^2 v_x}{\partial y^2} + \frac{\partial^2 v_x}{\partial z^2} \right)$$
$$= \rho \left(v_x \frac{\partial v_x}{\partial x} + v_y \frac{\partial v_x}{\partial y} + v_z \frac{\partial v_x}{\partial z} \right) + \rho \frac{\partial v_x}{\partial t} + \frac{\partial P}{\partial x} - \rho g_x \tag{8.9}$$

8.4 座標変換

移動現象を解析するには，さきに述べたように，解析したい領域に座標系をつくらなければならない．対象とする領域が方角状であれば直交座標系を選べばよいが（図8.3），領域が円柱・円筒状に近い場合や球状に近い場合には，円柱座標系あるいは球座標系を選ばないとうまく事(こと)が運ばない．

対象とする領域が円柱・円筒状や球状であっても，物理量の移動の方向として半径方向だけを考えればよい場合には，移動現象を図的にイメージできるので，そのイメージから移動現象を表す式を導くのは容易である（微小円筒空間

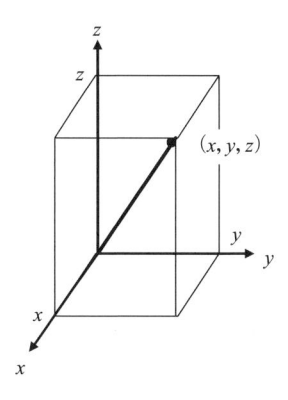

図8.3 直交座標

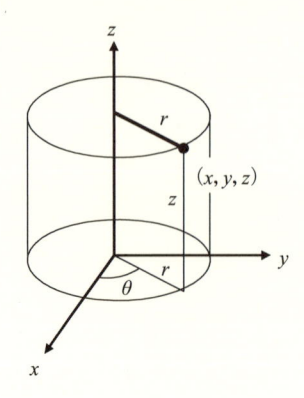

図8.4 円柱座標

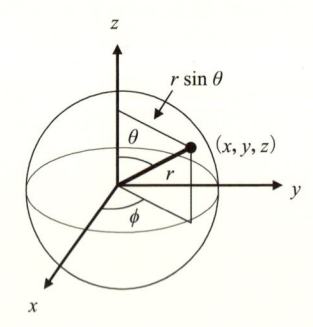

図8.5 球座標

または微小球殻の半径方向に対して出入りする物理量の収支式をつくればよい）．だが，角度が変数に入ってくると，イメージがつかみにくくなり，円柱座標系や球座標系の三次元非定常式を直接導くのは難しい（私には無理だ）．

そこで，円柱座標系や球座標系の三次元非定常式は，直交座標系で得られた三次元の非定常式を次の座標変換によって求めることになる（図8.4，図8.5）．

円柱座標系：$x = r\cos\theta,\ y = r\sin\theta,\ z = z$

球座標系　：$x = r\sin\theta\cos\phi,\ y = r\sin\theta\sin\phi,\ z = r\cos\phi$

変換作業は，この座標変換を直交座標系で得られた式に代入すればよいのだが，式の変形・整理にはかなりの紙幅を要するし，しかもなかなか面倒だ．なので，ここでは変換作業の内容は省略して，三次元の物質移動を表す式(8.1)を円柱座標と球座標に変換した結果だけを示しておこう（熱移動や運動量移動についても，濃度の定義と物性値が異なるだけで同じ式で表せる）．

なお変換作業のやり方は，小川浩平氏らの著書『化学工学のための数学』数理工学社（2007）に詳しく記載されている．関心があれば，そちらを参考にされたい．

■ 円柱座標系

$$D\left\{\frac{1}{r}\frac{\partial}{\partial r}\left(r\frac{\partial C}{\partial r}\right) + \frac{1}{r^2}\frac{\partial^2 C}{\partial \theta^2} + \frac{\partial^2 C}{\partial z^2}\right\}$$
$$= \left(v_r\frac{\partial C}{\partial r} + \frac{v_\theta}{r}\frac{\partial C}{\partial \theta} + v_z\frac{\partial C}{\partial z}\right) + \frac{\partial C}{\partial t} - R \tag{8.10}$$

■ 球座標系

$$D\left\{\frac{1}{r^2}\frac{\partial}{\partial r}\left(r^2\frac{\partial C}{\partial r}\right) + \frac{1}{r^2\sin\theta}\frac{\partial}{\partial \theta}\left(\sin\theta\frac{\partial C}{\partial \theta}\right) + \frac{1}{r^2\sin^2\theta}\frac{\partial^2 C}{\partial \phi^2}\right\}$$
$$= \left(v_r\frac{\partial C}{\partial r} + \frac{v_\theta}{r}\frac{\partial C}{\partial \theta} + \frac{v_\phi}{r\sin\theta}\frac{\partial C}{\partial \phi}\right) + \frac{\partial C}{\partial t} - R \tag{8.11}$$

ついでに，直交座標系で表した次式(8.12)に示す「非圧縮性流体に対する連続の式」（第6話の最後に出てきた）を円柱座標系に変換しておこう．

■ 直交座標系

$$\frac{\partial v_x}{\partial x} + \frac{\partial v_y}{\partial y} + \frac{\partial v_z}{\partial z} = 0 \tag{8.12}$$

■ 円柱座標系

$$\frac{1}{r}\frac{\partial(rv_r)}{\partial r} + \frac{1}{r}\frac{\partial v_\theta}{\partial \theta} + \frac{\partial v_z}{\partial z} = 0 \tag{8.13}$$

演習 8.2

任意の関数 f が独立変数 x, y の関数であり，その x, y はいずれも独立変数 r, θ の関数であるとしたとき，関数 f の x ならびに y についての偏微分はそれぞれ，次式で表されることを確かめてみよう．

$$\frac{\partial f}{\partial x} = \frac{\partial f}{\partial r}\frac{\partial r}{\partial x} + \frac{\partial f}{\partial \theta}\frac{\partial \theta}{\partial x}$$

$$\frac{\partial f}{\partial y} = \frac{\partial f}{\partial r}\frac{\partial r}{\partial y} + \frac{\partial f}{\partial \theta}\frac{\partial \theta}{\partial y}$$

ここで述べた三次元の非定常式，すなわち物質移動を表す式(8.1)，熱移動を表す式(8.3)，運動量移動を表す式(8.9)（または式(8.6)），それに物質移動で代表させた円柱座標系の式(8.10)と球座標系の式(8.11)は，さまざまな移動現象を解析する際に必要となるすべての条件を網羅した基本式である．

移動現象の状況や特徴を見極めて，ここに示した式の中で無視できる項があるなら，それらをどんどん削除していけば，一次元や二次元の場合にも，また定常状態の場合にも使える．

たとえば，物質が z 方向へ拡散のみで移動し，対象とする領域で蓄積することも生成・消失することもないとすれば，式(8.1)は次式のように簡単になる．

$$D\frac{\partial^2 C}{\partial z^2} = 0$$

そして，拡散係数 D は 0 でない定数であり，濃度 C は z のみの関数であることを考え合わせれば，この偏微分方程式は次の微分方程式となる．

$$\frac{d^2 C}{dz^2} = 0$$

この式が，第 7 話で例にあげた「円筒缶内空間部に揮散する，溶剤の濃度分布を求める微分方程式」なのである．

第9話

双曲線関数 で描かれる 温度分布 と 濃度分布

　化学工学で数学を縦横に駆使しなければならないのは，なんといっても微分方程式や偏微分方程式をたてて解くときだ（と私は思っている）．特に，移動現象を解明したり反応や吸着に関わる解析をするには，たてた微分方程式や偏微分方程式を解くための数学力が欠かせない．

9.1 双曲線関数

　次の式で定義される関数，$\sinh x$（ハイパボリックサイン），$\cosh x$（ハイパボリックコサイン），$\tanh x$（ハイパボリックタンジェント）を「双曲線関数」と呼んでいる．

$$\sinh x = \frac{e^x - e^{-x}}{2}, \quad \cosh x = \frac{e^x + e^{-x}}{2}, \quad \tanh x = \frac{e^x - e^{-x}}{e^x + e^{-x}}$$

　さて，e^{ix}（i は虚数単位）をマクローリン展開（第7話で既述）して得られる無限べき級数に基づけば，次の等式が成り立つ．この等式を「オイラー（Euler）の公式」という．

$$e^{ix} = \cos x + i \sin x$$

　三角関数の $\sin x$ と $\cos x$ は，オイラーの公式から次のように表される．

$$\sin x = \frac{e^{ix} - e^{-ix}}{2i}, \quad \cos x = \frac{e^{ix} + e^{-ix}}{2}$$

この $\sin x$ と $\cos x$ の表示式から虚数単位 i をとったのが，双曲線関数 $\sinh x$ と $\cosh x$ である．したがって，双曲線関数は三角関数と類似の関数だから，双曲線関数に関する公式は三角関数の公式（たとえば，「三角関数の積を和・差に直す公式」など）がそのまま当てはまる．そしてまた，双曲線関数の関係式は三角関数のそれらとよく似ている．

演習 9.1

次の各関係式を証明してみよう．

(1) $\sinh(-x) = -\sinh x$　　(2) $\cosh(-x) = \cosh x$

(3) $\dfrac{d}{dx}\sinh x = \cosh x$　　(4) $\dfrac{d}{dx}\cosh x = \sinh x$

(5) $\cosh^2 x - \sinh^2 x = 1$

演習 9.2

実数 x, y と自然数 n について，次の等式が成り立つことを証明してみよう．

(1) $e^{ix}e^{iy} = e^{i(x+y)}$　　(2) $(e^{ix})^n = e^{inx}$

(3) $(\cos x + i\sin x)^n = \cos nx + i\sin nx$

9.2　定数係数斉次線形二階微分方程式

　化学工学で現れる二階微分方程式の筆頭は，係数が定数になっている斉次線形二階微分方程式（「定数係数斉次線形二階微分方程式」という）である．

　微分方程式は「斉次」だとか「非斉次」だとか「線形」などといった言葉の組合せで分類されるが，まずはその言葉の意味を述べておこう．線形とは"従属変数 y とその導関数が一次結合になっている場合"をいい，そうでない場合を非線形という．また非斉次とは"独立変数 x の関数が独立した項になっている場合"をいい，そうでない場合を斉次という．

　なので，定数係数斉次線形二階微分方程式とは，次の形をした二階微分方程

式である．

$$\frac{\mathrm{d}^2 y}{\mathrm{d}x^2} + a\frac{\mathrm{d}y}{\mathrm{d}x} + by = 0 \quad (a, b \text{ は定数})$$

この二階微分方程式の一般解（任意定数を含んだままの解）を求めるには，「特性方程式」をつくることからスタートする（詳細は微分積分学の書を参照）．特性方程式とは，λ を変数としたとき，次のような方程式のことをいう．

$$\lambda^2 + a\lambda + b = 0$$

二次方程式で表される特性方程式の解が α, β であるとしたとき，α, β の値によって定数係数斉次線形二階微分方程式の一般解は，次のように与えられる（ただし，C_1, C_2 は任意定数）．

α, β が異なる実数のとき	$y = C_1 \mathrm{e}^{\alpha x} + C_2 \mathrm{e}^{\beta x}$
$\alpha = \beta$ （二重解）のとき	$y = (C_1 + C_2 x)\mathrm{e}^{\alpha x}$
α, β が共役な虚数解 $p \pm qi$ のとき	$y = \mathrm{e}^{px}(C_1 \cos qx + C_2 \sin qx)$

演習 9.3

次の微分方程式の一般解を求めてみよう．

(1) $\dfrac{\mathrm{d}^2 y}{\mathrm{d}x^2} - 5\dfrac{\mathrm{d}y}{\mathrm{d}x} + 6y = 0$ (2) $\dfrac{\mathrm{d}^2 y}{\mathrm{d}x^2} + 6\dfrac{\mathrm{d}y}{\mathrm{d}x} + 9y = 0$

(3) $\dfrac{\mathrm{d}^2 y}{\mathrm{d}x^2} + 2\dfrac{\mathrm{d}y}{\mathrm{d}x} + 5y = 0$

定数係数斉次線形二階微分方程式の最も簡単な形は次式である．

$$\frac{\mathrm{d}^2 y}{\mathrm{d}x^2} - by = 0 \quad (\text{ただし，} b > 0 \text{ とする}) \tag{9.1}$$

微分方程式(9.1)の特性方程式の解は $\lambda = \pm\sqrt{b}$ だから，微分方程式(9.1)の一般解は，

$$y = C_1 \mathrm{e}^{\sqrt{b}x} + C_2 \mathrm{e}^{-\sqrt{b}x} \tag{9.2}$$

となる．

式(9.2)の指数関数は双曲線関数の定義式より，

$$\mathrm{e}^{\sqrt{b}x} = \cosh\sqrt{b}x + \sinh\sqrt{b}x, \ \mathrm{e}^{-\sqrt{b}x} = \cosh\sqrt{b}x - \sinh\sqrt{b}x$$

と表せるから，解(9.2) は次のように書きかえられる．

$$\begin{aligned}y &= (C_1 + C_2)\cosh\sqrt{b}x + (C_1 - C_2)\sinh\sqrt{b}x \\ &= C_1\cosh\sqrt{b}x + C_2\sinh\sqrt{b}x\end{aligned}$$

$(C_1 + C_2 = C_1,\ C_1 - C_2 = C_2$ とおいた$)$　　(9.3)

式(9.3) が，双曲線関数で表した場合の定数係数斉次線形二階微分方程式(9.1) の一般解である．

■ 放熱フィン内の温度分布を求める微分方程式をつくる

私たちのまわりには放熱フィンを取り付けた機器がいろいろある．冷蔵庫やエアコンの放熱板，車のラジエーター，バイクのシリンダーカバーなど．これらの機器に取り付けられた放熱フィンは，熱を素早く逃がす役目を担っている．

放熱フィン内の温度がどんな分布になるのか，その温度分布を求めるための微分方程式をつくってみよう．ただし，フィンは平板状（長さ L[m]，幅 W[m]，厚さ B[m]）で，長手方向の温度分布は時間が経っても変化しない（定常状態にある）とし，断面方向の温度は均一であって，フィンの側面部からのみ放熱して先端部からの放熱はないものとする．また，フィンの周囲温度は一定だとしよう（図9.1）．

さてここでは，平板状の放熱フィン内の熱移動を考えているから，基本とな

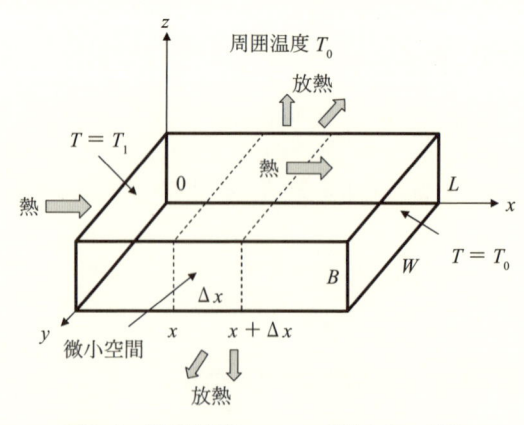

図9.1　平版状放熱フィンの構造と熱の移動

る式は第 8 話で導いた，次の「直交座標系の熱移動を表す三次元非定常式」(ここで，左辺は拡散項，右辺第 1 項は対流項，第 2 項は蓄積項，第 3 項は生成項)である．

$$k\left(\frac{\partial^2 T}{\partial x^2} + \frac{\partial^2 T}{\partial y^2} + \frac{\partial^2 T}{\partial z^2}\right)$$
$$= \rho C_P\left(v_x\frac{\partial T}{\partial x} + v_y\frac{\partial T}{\partial y} + v_z\frac{\partial T}{\partial z}\right) + \rho C_P\frac{\partial T}{\partial t} - R \quad (9.4)$$

式(9.4) の不要な項を削除していこう．放熱フィンは固体だから，内部には空気などの流体流れがないので対流項が削除でき，温度分布は定常状態を仮定しているので蓄積項も削除できる．さらに，フィンの断面方向の温度は均一だとしているから，熱の移動はフィンの長手 x 方向だけを考えればよいので，拡散項のうち y, z 方向の拡散も削除できる．

したがって，温度 T は変数 x だけの一変数関数になるから，削除の成果として身軽になった式は次のとおりである．

$$k\frac{d^2 T}{dx^2} = -R \quad (9.5)$$

あとは，生成項 (ここでは熱の消失項) の $R[\text{J/m}^3 \cdot \text{s}]$ をどのように表すかである．熱は放熱フィンの側面から逃げていくので，フィン外周部の境膜伝熱係数を $h[\text{J/m}^2 \cdot \text{s} \cdot \text{K}]$，微小長さが Δx で断面が $W \times B$ の薄片状微小空間内の温度を $T[\text{K}]$，フィンの周囲温度を $T_0[\text{K}]$ とすれば，単位時間あたりに微小空間から消失する熱量 (熱量速度) [J/s] は次のようになる．

$$2(W + B)(\Delta x)h(T - T_0)$$

したがって，微小体積 $WB\Delta x[\text{m}^3]$ あたりの消失熱量は，

$$R = -2\frac{W + B}{WB}h(T - T_0) \quad (9.6)$$

と表されるので，この R を式(9.5) に代入して両辺を熱伝導度 $k[\text{J/m} \cdot \text{s} \cdot \text{K}]$ で割れば次式が得られる．

$$\frac{d^2 T}{dx^2} = 2\frac{W + B}{WB} \cdot \frac{h}{k}(T - T_0) \quad (9.7)$$

ここで，$2\dfrac{W+B}{WB}\cdot\dfrac{h}{k}$ は定数だから，これを K とおけば式(9.7)は次のように書ける．

$$\frac{d^2 T}{dx^2} = K(T - T_0) \tag{9.8}$$

■ 放熱フィン内の温度分布を式で表す

放熱フィン内の温度分布を求める微分方程式(9.8)が導けたので，まずこの微分方程式の一般解を求めることにしよう．ただしその前に，一般解を求めやすくするために微分の性質を思い出して式(9.8)を少し変形する．

関数 x^3 と (x^3-2) の導関数はどちらも $3x^2$ だから，関数 x^3 と (x^3-2) の二次導関数は $6x$ となる．つまり，ある関数に任意の定数が足されても（また，引かれても），その導関数や二次導関数は変わらない．

ということから，いまの場合はフィンの周囲温度 T_0 は一定（定数）なので，微分方程式(9.8)を次式のように書きかえても何ら問題ない．

$$\frac{d^2(T - T_0)}{dx^2} - K(T - T_0) = 0 \tag{9.9}$$

式(9.9)は，従属変数が $(T-T_0)$ の定数係数斉次線形二階微分方程式だから，その特性方程式の解は $\lambda = \pm\sqrt{K}$ である．

したがって，微分方程式(9.9)の一般解は迷わず次式で与えられる．

$$T - T_0 = C_1 \cosh\sqrt{K}\,x + C_2 \sinh\sqrt{K}\,x \quad (C_1, C_2 \text{ は任意定数}) \tag{9.10}$$

次の作業は，任意定数に固有の値を入れて一般解を特定する（特殊解を求める）ことだ．そのためには任意定数が2個あるので，二つの境界条件（空間についての条件）を設定してやればよい．

そこで，フィンの入口と出口の温度に対して次のような条件（つまり境界条件）を与える．

$x = 0$ のとき $T = T_1$
$x = L$ のとき $T = T_0$

この境界条件を式(9.10)に代入すると，C_1 と C_2 についての連立方程式がつくれるので，その連立方程式を解けば任意定数 C_1 と C_2 が求まる．そして，求

めた任意定数を式(9.10)に代入すれば次式が得られる．

$$\frac{T-T_0}{T_1-T_0} = \cosh\sqrt{K}x - \frac{\cosh\sqrt{K}L}{\sinh\sqrt{K}L}\sinh\sqrt{K}x \tag{9.11}$$

これで終わりにしても一向に構わない．だが，解(9.11)をもう少しすっきりした形にしたい気もする．

そこで，さきに述べた"双曲線関数の公式は三角関数の公式がそのまま成り立つ"ことに従って，次の「三角関数の積を和・差に直す公式」を式(9.11)に適用することにしよう．

$$\cos A \sin B = \frac{1}{2}\{\sin(A+B) - \sin(A-B)\}$$

そうすると，解(9.11)は次式(9.12)のように書きかえられ，放熱フィン内の温度分布 $T(x)$ を表す式がすっきりする（式の変形操作は読者に任せたい）．

$$\frac{T-T_0}{T_1-T_0} = \frac{\sinh\{\sqrt{K}(L-x)\}}{\sinh\sqrt{K}L} \tag{9.12}$$

■ 球形触媒内の濃度分布を求める微分方程式をつくる

工業的によく使われる固体触媒は，多数の細孔（0.3〜50 nm）を持つ多孔性物質（ゼオライトなど）を 2〜5 mm の球形や円柱形に成型したあと，触媒活性のある金属塩（たとえば塩化パラジウムなど）を担持して触媒化し，反応器に詰めて使用される．

反応器内では，反応成分を含む流体が触媒の表面近くまで移動し，反応成分は触媒表面と流体の間にある境膜（外部境膜）の中を拡散して触媒表面に到達する．そのあと，触媒中心部に向かって触媒細孔内を拡散し，細孔内表面の反応活性点に達して反応が進み，反応成分の濃度は徐々に減少していく（図 9.2）．その濃度が触媒内でどのような分布になっているのか，濃度分布を求めるための微分方程式をつくることにする．

微分方程式をつくるに当たって次のような条件を設定しよう．個々の触媒は多孔性の球形で，反応活性点は細孔内表面に均一に存在すると仮定し，反応器に多数詰まっているうちの 1 個だけに着目する．そして，反応成分の濃度は触媒の中心（半径）方向に変化し，その分布は時間が経っても変わらない（定常

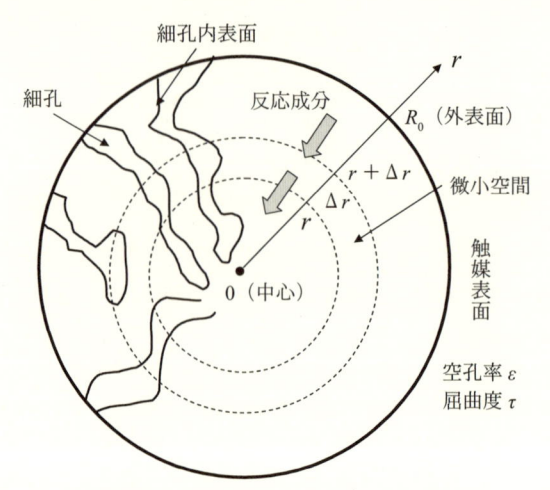

図9.2 球形触媒内の反応成分の移動

状態にある）とする．さらに，反応は一次反応だとして反応速度定数を k [m/s] で表す．

ここでは球形触媒内での反応成分の移動を考えているから，基本となる式は第8話で示した，次の「球座標系の物質移動を表す三次元非定常式」である．

$$D\left\{\frac{1}{r^2}\frac{\partial}{\partial r}\left(r^2\frac{\partial C}{\partial r}\right) + \frac{1}{r^2\sin\theta}\frac{\partial}{\partial \theta}\left(\sin\theta\frac{\partial C}{\partial \theta}\right) + \frac{1}{r^2\sin^2\theta}\frac{\partial^2 C}{\partial \phi^2}\right\}$$

$$= \left(v_r\frac{\partial C}{\partial r} + \frac{v_\theta}{r}\frac{\partial C}{\partial \theta} + \frac{v_\phi}{r\sin\theta}\frac{\partial C}{\partial \phi}\right) + \frac{\partial C}{\partial t} - R \quad (9.13)$$

式(9.13) の中で削除できる項を探してみると，反応成分は触媒内を半径 r [m] 方向へ拡散のみで移動し，半径 r が同じなら θ 方向，ϕ 方向には濃度は均一だと考えられるから，拡散項の θ 成分，ϕ 成分，それと対流項が削除でき，また濃度分布は定常状態を仮定しているので蓄積項も削除できることがわかる．

このような削除の結果として，濃度 C [mol/m³] は変数 r だけの一変数関数となり，式(9.13) は次の微分方程式で表せる．

$$D\frac{1}{r^2}\frac{d}{dr}\left(r^2\frac{dC}{dr}\right) = -R \quad (9.14)$$

そして，「積の微分法」より $\frac{d}{dr}\left(r^2\frac{dC}{dr}\right) = r^2\frac{d^2C}{dr^2} + 2r\frac{dC}{dr}$ だから式(9.14)

は,

$$D\left(\frac{d^2C}{dr^2} + \frac{2}{r}\frac{dC}{dr}\right) = -R \tag{9.15}$$

と書きかえられる.

なお, 式(9.15)は球形触媒を"均質な内部構造の球"とみなして得られた結果である. なので, 反応成分が触媒細孔内を拡散するときの拡散係数 $D[\mathrm{m^2/s}]$ と細孔内表面で反応して消失する物質量(つまり生成項)$R[\mathrm{mol/m^3 \cdot s}]$ を, 実際の触媒構造を加味してもう少し具体的に表す必要がある.

そこで, 比表面積 $a_v[\mathrm{m^2/m^3}]$(触媒単位体積あたりの細孔内表面積), 空孔率 $\varepsilon[-]$(触媒の全体積に対する, 反応成分が通れる細孔体積の比), 屈曲度 $\tau[-]$(細孔の曲がり具合), というパラメータを導入して多孔性触媒の内部構造をモデル化することにしよう.

そうすると, 拡散係数については, 反応成分が広い空間内を拡散するときの拡散係数を D とするならば, 壁に仕切られた狭い細孔内での拡散係数(細孔内有効拡散係数という)$D_e[\mathrm{m^2/s}]$ は,

$$D_e = (\varepsilon/\tau)D$$

と定義できる. したがって, この D_e を式(9.15)の D の代わりに用いればよいことになる.

一方, 生成項については次のように考えて式化すればよい.

触媒の中に仮想した微小幅 $\Delta r[\mathrm{m}]$ の球殻状微小空間の体積は,

$$\frac{4}{3}\pi(r+\Delta r)^3 - \frac{4}{3}\pi r^3 = 4\pi r^2 \Delta r + 4\pi r(\Delta r)^2 + \frac{4}{3}\pi(\Delta r)^3$$

$$\simeq 4\pi r^2 \Delta r \quad (\because 微小量の2乗, 3乗はより微小量)$$

とおける(図9.2を参照). なので, 反応によって単位時間あたりに微小空間から消失する反応成分の物質量(物質量速度)$[\mathrm{mol/s}]$ は,

$$4\pi r^2 (\Delta r) a_v k C$$

となり, 微小体積 $4\pi r^2 \Delta r [\mathrm{m^3}]$ あたりの反応消失量 $R[\mathrm{mol/m^3 \cdot s}]$ は次のように表せる.

$$R = -\frac{4\pi r^2 \Delta r}{4\pi r^2 \Delta r} a_v kC = -a_v kC$$

この R と上で定義した D_e を式 (9.15) に適用し，両辺を D_e で割って移項すると次の微分方程式が得られる．

$$\frac{\mathrm{d}^2 C}{\mathrm{d}r^2} + \frac{2}{r}\frac{\mathrm{d}C}{\mathrm{d}r} - \frac{a_v k}{D_e}C = 0 \tag{9.16}$$

ここで，$a_v k/D_e$ は定数だから，これを K とおけば式 (9.16) は次のように書ける．

$$\frac{\mathrm{d}^2 C}{\mathrm{d}r^2} + \frac{2}{r}\frac{\mathrm{d}C}{\mathrm{d}r} - KC = 0 \tag{9.17}$$

■ 球形触媒内の濃度分布を式で表す

多孔性球形触媒内の濃度分布を求める斉次線形二階微分方程式 (9.17) が導けたが，係数が定数ではないのでこのままでは解けない．簡単に解が得られる定数係数斉次線形二階微分方程式に書きかえなければならない．すなわち，新たな従属変数を導入して式 (9.17) を変換（変数変換）する必要がある．そこで，"先達のひらめきと知恵" を借りて，新たな従属変数を $y = Cr$ とおくことにする．

そうすると，式 (9.17) の各項は次のように表すことができる．

$$KC = K(y/r)$$

$$\frac{\mathrm{d}C}{\mathrm{d}r} = \frac{\mathrm{d}}{\mathrm{d}r}\left(\frac{y}{r}\right) = \frac{(\mathrm{d}y/\mathrm{d}r)r - y}{r^2}$$

$$\frac{\mathrm{d}^2 C}{\mathrm{d}r^2} = \frac{\mathrm{d}}{\mathrm{d}r}\left(\frac{\mathrm{d}C}{\mathrm{d}r}\right) = \frac{1}{r}\frac{\mathrm{d}^2 y}{\mathrm{d}r^2} - \frac{2}{r^2}\frac{\mathrm{d}y}{\mathrm{d}r} + \frac{2}{r^3}y$$

これらを式 (9.17) に適用すれば次式となる．

$$\frac{\mathrm{d}^2 y}{\mathrm{d}r^2} - Ky = 0 \tag{9.18}$$

式 (9.18) は最も簡単な定数係数斉次線形二階微分方程式だから，その一般解は直ちに次のように与えられる．

$$y = C_1 \cosh\sqrt{K}\,r + C_2 \sinh\sqrt{K}\,r \quad (C_1, C_2 \text{ は任意定数}) \tag{9.19}$$

あとは，境界条件を設定して任意定数を決めればよい．ただし，用いる境界条件は変数変換した後の条件でなければならない．

ということで，変数変換する前の境界条件は，

$r = R_0$（触媒外表面）のとき $C = C_i$（触媒入口濃度）

$r = 0$（触媒の中心）のとき $\mathrm{d}C/\mathrm{d}r = 0$（拡散流束が 0）

と設定できるので，変数変換した後の境界条件は，

$r = R_0$ のとき $y = R_0 C_i$

$r = 0$ のとき $y = 0$

となり，この境界条件を式(9.19)に適用して任意定数 C_1 と C_2 を求め，これらを式(9.19)に代入すれば，微分方程式(9.18)の特殊解は次のようになる．

$$y = R_0 C_i \frac{\sinh\sqrt{K}\,r}{\sinh\sqrt{K}\,R_0} \tag{9.20}$$

そして従属変数 y をもとに戻せば，多孔性球形触媒内の濃度分布 $C(r)$ を表す式が次式として得られる．

$$\frac{C}{C_i} = \frac{R_0}{r} \frac{\sinh\sqrt{K}\,r}{\sinh\sqrt{K}\,R_0} \tag{9.21}$$

これまでの話をまとめると，式(9.12)や式(9.21)を導いた経過から理解できると思うが，"物理量の収支式に現れる生成項が温度や濃度に比例して，その係数が負（つまり消失量）となる場合は，温度や濃度の分布は双曲線関数で表される"ということになる．

第10話

装置制御の基軸となる

ラプラス変換

　関数変換という数学的操作については，すでに第2話の中でほんの少しだけ触れたが，関数変換とは"何らかの一意性を持つ二つの関数の組をつくる"ことであり，ここでのテーマのラプラス変換はその一つである．

　ラプラス変換を用いると，線形微分方程式の特殊解が一般解を経由することなく求められるし，装置制御の特性を教えてくれる伝達関数を介して，制御対象の入力と出力の間に成り立つ線形微分方程式を簡便に解くこともできるので，反応槽や加熱槽の動特性，電気ヒーター付き加熱器の周波数応答などが調べられる．

10.1　ラプラス変換とその基本法則

　関数変換の概念に従えば関数 $f(t)$ の積分も関数変換である．ということで，$f(t)$ の 0 から x までの定積分を $I\{f(t)\}$ と書くことにしよう．

$$I\{f(t)\} = \int_0^x f(t)\,\mathrm{d}t$$

　この定積分による変換 $I\{f(t)\}$ をより普遍性を持たせるように拡張すれば，次式で表すことができる．これがラプラス変換の基本となる式である．

$$T\{f(t)\} = \int_0^\infty K(s,t)f(t)\mathrm{d}t \tag{10.1}$$

ラプラス変換 $\boldsymbol{L}\{f(t)\}$ は次式(10.2)で定義されるように，式(10.1)の被積分関数 $K(s,t)$ を指数関数 e^{-st} でおきかえたものである（$\boldsymbol{L}\{f(t)\}$ の $\boldsymbol{L}$ は "関数 $f(t)$ をラプラス変換する" ことを表す演算子）．

$$F(s) \equiv \boldsymbol{L}\{f(t)\} = \int_0^\infty \mathrm{e}^{-st}f(t)\mathrm{d}t \tag{10.2}$$

つまり「ラプラス変換」とは，"変数 t の関数 $f(t)$ にパラメータ s（実数でも複素数でも構わない）を含む関数 e^{-st} をかけて，t について 0 から ∞ まで積分することにより，変数 s の関数 $F(s)$ を得る操作" である．このようにラプラス変換では，関数 $f(t)$ が原の関数になって，その関数から鏡像となる関数 $F(s)$ が得られることから，$f(t)$ を原関数，$F(s)$ を像関数と呼んでいる．

逆に像関数 $F(s)$ から原関数 $f(t)$ を得ることもできる．この操作を「逆ラプラス変換」と呼び，次式のように書く（$\boldsymbol{L}^{-1}$ は演算子で，"像関数 $F(s)$ の原関数 $f(t)$ を求める" ことを表している）．

$$f(t) = \boldsymbol{L}^{-1}\{F(s)\} \tag{10.3}$$

原関数 $f(t)$ と像関数 $F(s)$ の関係は導関数と不定積分の関係に似ている．変数 x の関数 $F(x)$ が与えられると，導関数の定義（第5話で述べた）に従ってその導関数 $f(x)$ が求められ，逆に $f(x)$ が決まればその不定積分 $F(x)$ がわかる．この関係と同じように，原関数 $f(t)$ が与えられると，ラプラス変換の定義式(10.2)に従ってその像関数 $F(s)$ が求められ，逆に $F(s)$ が決まれば $f(t)$ がわかる．

代表的な関数の導関数と不定積分が公式として整理されているように，原関数と像関数の関係についてもラプラス変換表として，応用数学や制御工学の書籍などにまとめられている．そのごく一部を抜粋して示しておこう．

原関数 $f(t)$	像関数 $F(s)$
1	$1/s$
$e^{\alpha t}$	$1/(s-\alpha)$
$\sinh \omega t$	$\omega/(s^2-\omega^2)$
$\cosh \omega t$	$s/(s^2-\omega^2)$

　また，導関数や不定積分に基本的な法則があるのと同様に，ラプラス変換にも基本法則がある．よく使われる主なものは次のとおりである．ただし，$f(t), g(t)$ のラプラス変換（像関数）をそれぞれ $F(s), G(s)$ としている．

	原関数	像関数
線形性	$\alpha f(t) + \beta g(t)$	$\alpha F(s) + \beta G(s)$　　（α, β は定数）
微分法則	$df(t)/dt$	$sF(s) - f(0)$
二次微分法則	$d^2 f(t)/dt^2$	$s^2 F(s) - sf(0) - f'(0)$
積分法則	$\int_0^t f(\tau) d\tau$	$F(s)/s$

演習 10.1

次の問に答えてみよう．

(1) $f(t) = t$ のラプラス変換を求めよ．ただし，$L(1) = 1/s$ である．

(2) $\sin t$ のラプラス変換を求めよ．ただし，$L(e^{\alpha t}) = 1/(s-\alpha)$ である．

(3) $\mu > 0$，$L\{f(t)\} = F(s)$ とするとき，$L\{f(t-\mu)\} = e^{-\mu s} F(s)$

　となることを証明せよ（この関係を「原関数の移動法則」という）．

10.2　線形微分方程式とラプラス変換法

　ラプラス変換が威力を発揮するのは線形微分方程式を解くときである．この解法を一般に「ラプラス変換法」というが，最大の魅力はさきにも述べたように，一般解を経由することなく特殊解が得られることで，その解は次の手順で求められる．

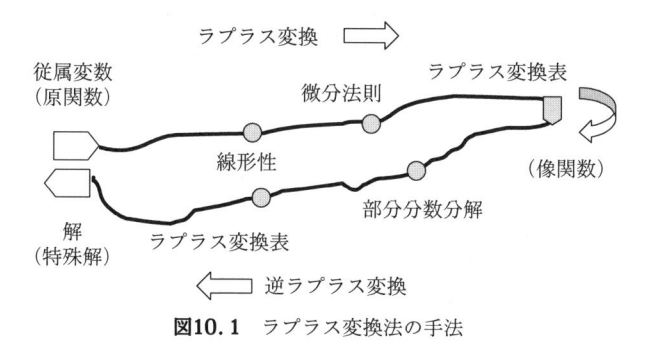

```
           ラプラス変換 ⇒
従属変数          ラプラス変換表
(原関数)     微分法則
       線形性
                              (像関数)
              部分分数分解
 解
(特殊解)   ラプラス変換表
        ⇐ 逆ラプラス変換
```

図10.1 ラプラス変換法の手法

まず，微分方程式の従属変数（つまり解）を原関数とし，原関数をラプラス変換して（基本法則とラプラス変換表を使って）像関数を求める．次に，像関数を逆ラプラス変換して（再度，基本法則とラプラス変換表を使って）原関数に戻す．その戻した原関数がゴール（つまり特殊解）なのである（図10.1）．

演習 10.2

次の微分方程式をラプラス変換法で解いてみよう．

$$\frac{dx}{dt} + x = e^t \quad \text{（初期条件は } t = 0 \text{ のとき } x = 0\text{）}$$

■ 反応液中の CO_2 濃度を求める微分方程式をたてて解く

アルカリ溶液（たとえば水酸化ナトリウム溶液）と空気が接すると，空気中の CO_2 は溶液に溶け込み反応して消失する．溶液中の CO_2 がどんな濃度分布を示すのか，その分布を求めるための微分方程式をつくってみよう（図10.2）．ただし，アルカリ溶液は円筒容器に入っていて，溶液と接している空気中の CO_2 濃度は常に一定で，溶液中のアルカリ量も変わらないとする．また，溶液中の CO_2 濃度は容器の断面方向には均一で，CO_2 は底の方向へのみ移動し，その分布は時間が経っても変化しない（定常状態にある）とする．さらに，反応によって CO_2 の消失する速度は CO_2 濃度に比例する（一次反応）としよう．

さて，CO_2 の移動する方向を考えると，基本となる式は第8話で導いた，次の「直交座標系の物質移動を表す三次元非定常式」（左辺は拡散項，右辺第1項

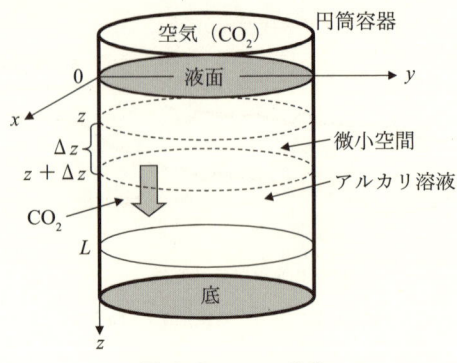

図10.2 CO_2 の移動

は対流項，第2項は蓄積項，第3項は生成項）である．

$$D\left(\frac{\partial^2 C}{\partial x^2} + \frac{\partial^2 C}{\partial y^2} + \frac{\partial^2 C}{\partial z^2}\right) = \left(v_x\frac{\partial C}{\partial x} + v_y\frac{\partial C}{\partial y} + v_z\frac{\partial C}{\partial z}\right) + \frac{\partial C}{\partial t} - R \tag{10.4}$$

そしていまの場合は，CO_2 は容器の底 z 方向へのみ拡散で移動し，その濃度 $C\,[\mathrm{mol/m^3}]$ の分布は定常状態を仮定しているから，式(10.4)の対流項と蓄積項ならびに x, y 方向への拡散項が削除できる．なので，CO_2 の移動を表現する式は次の微分方程式になる．

$$D\frac{\mathrm{d}^2 C}{\mathrm{d}z^2} = -R \quad (D\,[\mathrm{m^2/s}] \text{ は拡散係数}) \tag{10.5}$$

ここで，CO_2 の反応速度定数を $k\,[1/\mathrm{s}]$ とすれば，生成項（いまの場合は消失項）$R\,[\mathrm{mol/m^3 \cdot s}]$ は $R = -kC$ と書けるので，式(10.5)は次式で表せる．

$$\frac{\mathrm{d}^2 C}{\mathrm{d}z^2} - KC = 0 \quad (k/D = K \text{ とおいた}) \tag{10.6}$$

引き続いて微分方程式(10.6)を解くことにするが，この式は第9話で出てきた「定数係数斉次線形二階微分方程式」だから，その一般解は何ら迷うことなく次式とすればよいことがわかる．

$$C = A\cosh\sqrt{K}z + B\sinh\sqrt{K}z \quad (A, B \text{ は任意定数}) \tag{10.7}$$

さらに境界条件を，

$z = 0$（溶液の表面）のとき $C = C_i$（空気中の CO_2 濃度）

$z = L$（溶液中の任意面）のとき $C = 0$（反応して消失）

と設定して任意定数 A と B を求め，その A と B を式(10.7)に代入すれば，特殊解（反応液中の CO_2 濃度分布を表す式）が次のように求まる．

$$\frac{C}{C_i} = \cosh\sqrt{K}z - \frac{\cosh\sqrt{K}L}{\sinh\sqrt{K}L}\sinh\sqrt{K}z \tag{10.8}$$

■ ラプラス変換法で CO_2 の濃度分布を表す式を求める

上に示した境界条件のもとで，線形微分方程式(10.6)をラプラス変換法で解けば，その解が式(10.8)になることを確かめてみよう．

そこでまず，原関数を $C = C(z)$ として，そのラプラス変換（すなわち像関数 $F(s)$）を次のように書くことにする．

$$F(s) = \boldsymbol{L}\{C(z)\} \tag{10.9}$$

そうしておいて，微分方程式(10.6)の両辺をラプラス変換して，ラプラス変換の線形性を利用する．

$$\boldsymbol{L}\left\{\frac{d^2C(z)}{dz^2}\right\} - K\boldsymbol{L}\{C(z)\} = 0 \tag{10.10}$$

式(10.10)の左辺第1項にラプラス変換の二次微分法則，第2項に式(10.9)を適用する．

$$s^2F(s) - sC(0) - C'(0) - KF(s) = 0 \tag{10.11}$$

式(10.11)に境界条件「$z = 0$ のとき $C = C_i$」を適用する．

$$(s^2 - K)F(s) = sC_i + C'(0) \tag{10.12}$$

式(10.12)を $F(s)$ についての分数式で表示し，その式を部分分数に分解する．

$$F(s) = \frac{sC_i + C'(0)}{s^2 - K} = C_i \frac{s}{s^2 - (\sqrt{K})^2} + \frac{C'(0)}{\sqrt{K}} \frac{\sqrt{K}}{s^2 - (\sqrt{K})^2} \tag{10.13}$$

式(10.13)の両辺を逆ラプラス変換して，ラプラス変換の線形性を利用する．

$$\boldsymbol{L}^{-1}\{F(s)\} = C_i \boldsymbol{L}^{-1}\left\{\frac{s}{s^2 - (\sqrt{K})^2}\right\} + \frac{C'(0)}{\sqrt{K}} \boldsymbol{L}^{-1}\left\{\frac{\sqrt{K}}{s^2 - (\sqrt{K})^2}\right\} \tag{10.14}$$

式(10.14)の左辺を原関数 ($C(z) = C$) に書き直し，右辺の各項はラプラス変換表を使って変換する．

$$C = C_i \cosh\sqrt{K}z + \frac{C'(0)}{\sqrt{K}} \sinh\sqrt{K}z \tag{10.15}$$

式(10.15)に境界条件「$z = L$ のとき $C = 0$」を適用すれば，

$$0 = C_i \cosh\sqrt{K}L + \frac{C'(0)}{\sqrt{K}} \sinh\sqrt{K}L \tag{10.16}$$

となるので，$C'(0)$ は次式で与えられる．

$$C'(0) = -\sqrt{K}C_i\frac{\cosh\sqrt{K}L}{\sinh\sqrt{K}L} \tag{10.17}$$

この $C'(0)$ を式(10.15)に代入すれば特殊解(10.8)が得られる．

10.3 装置制御と伝達関数

電圧調節のできるヒーター付きの容器で水を沸かすことを考えてみよう．ヒーターと容器と水を「制御対象」とすれば，ヒーターに印加する電圧の時間的変化 $y(t)$（入力）と水温の時間的変化 $x(t)$（出力）との間には，特有の因果関係がある（図10.3）．

容器内の水温を一定に保つように手動で操作する場合には，"水の温度を測って，その温度が目的の水温に達しているかどうかを比較し，その結果に応じて電圧を調節する"という手順をとる．この手順を自動的に行うのが自動制御システムである．

機器や装置の自動制御を考える場合には，制御対象の入力 $y(t)$ と出力 $x(t)$ との間に次の線形微分方程式が成り立つことを前提にしている．

$$a_n\frac{\mathrm{d}^n x}{\mathrm{d}t^n} + a_{n-1}\frac{\mathrm{d}^{n-1}x}{\mathrm{d}t^{n-1}} + \cdots\cdots + a_0 x$$

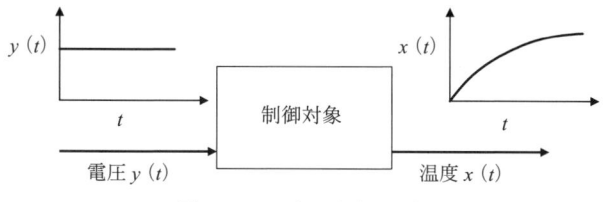

図10.3 入力と出力の関係

$$= b_m \frac{\mathrm{d}^m y}{\mathrm{d}t^m} + b_{m-1} \frac{\mathrm{d}^{m-1} y}{\mathrm{d}t^{m-1}} + \cdots\cdots + b_0 y \tag{10.18}$$

ここで，$a_i (i = 0, 1, 2, \cdots\cdots, n)$ と $b_j (j = 0, 1, 2, \cdots\cdots, m)$ は制御対象によって決まる定数である．

入力 $y(t)$ と出力 $x(t)$ の関係は，式(10.18)の両辺をラプラス変換し，「ラプラス変換の高次微分法則」（二次微分法則の拡張）を適用すれば明らかになる．

$$(a_n s^n + a_{n-1} s^{n-1} + \cdots\cdots + a_0) \boldsymbol{L}\{x(t)\}$$
$$= (b_m s^m + b_{m-1} s^{m-1} + \cdots\cdots + b_0) \boldsymbol{L}\{y(t)\} \tag{10.19}$$

ただし，$x(0) = x'(0) = \cdots\cdots = x^{(n-1)}(0) = 0$, $y(0) = y'(0) = \cdots\cdots = y^{(m-1)}(0) = 0$ としている．なぜならば，最初 ($t = 0$) の状態は定常状態にあると考えられるからである．

そして，出力のラプラス変換 $\boldsymbol{L}\{x(t)\}$ と入力のラプラス変換 $\boldsymbol{L}\{y(t)\}$ の比を次式(10.20)のように求め，これを伝達関数 $G(s)$ と定義すれば，"制御対象への入力がどのように出力に伝わるか"を伝達関数が知らせてくれる．

$$G(s) \equiv \frac{\boldsymbol{L}\{x(t)\}}{\boldsymbol{L}\{y(t)\}} = \frac{b_m s^m + b_{m-1} s^{m-1} + \cdots\cdots + b_0}{a_n s^n + a_{n-1} s^{n-1} + \cdots\cdots + a_0} \tag{10.20}$$

■ 恒温槽の伝達関数と槽内温度の応答を求める

ヒーターの付いた熱容量 $C[\mathrm{J/℃}]$，外周面積 $A[\mathrm{m}^2]$ の恒温槽がある．この恒温槽の境膜伝熱係数を $h[\mathrm{J/m^2 \cdot s \cdot ℃}]$，恒温槽に供給する熱量を $Q(t)[\mathrm{J/s}]$, 恒温槽の温度を $\theta(t)[℃]$ とすると，恒温槽の熱収支（「蓄熱速度」＋「放熱速度」＝「吸熱速度」）は次の線形微分方程式で与えられる（ただし，$t[\mathrm{s}]$ は時間であり，$t = 0$ のとき $\theta(0) = 0$ とする）．

$$C\frac{d\theta}{dt} + hA\theta = Q \tag{10.21}$$

まず，$Q(t)$ を入力，$\theta(t)$ を出力としたときの伝達関数 $G(s)$ を求めることにしよう．

式(10.21)の両辺を hA で割り $C/hA = T$（T[s] は「時定数」と呼ばれ，応答の速さを特徴づける定数）とおくと，式(10.21) は次式となる．

$$T\frac{d\theta}{dt} + \theta = \frac{1}{hA}Q \tag{10.22}$$

式(10.22) の両辺をラプラス変換すると，

$$(Ts+1)\boldsymbol{L}(\theta) = \frac{1}{hA}\boldsymbol{L}(Q) \tag{10.23}$$

となるので，伝達関数 $G(s)$ は次式で表される．

$$G(s) \equiv \frac{\boldsymbol{L}(\theta)}{\boldsymbol{L}(Q)} = \frac{1}{hA(Ts+1)} \tag{10.24}$$

次に，$Q(t)$ を一定（たとえば $Q(t) = 1$）としたときの $\theta(t)$ を求めることにしよう．

$Q(t) = 1$ とすると，そのラプラス変換は $\boldsymbol{L}(Q) = 1/s$ だから，$\boldsymbol{L}(\theta)$ は式(10.24) より次式で表せる．

$$\boldsymbol{L}(\theta) = \frac{1}{hA}\frac{1}{s(Ts+1)} \tag{10.25}$$

式(10.25) の両辺を逆ラプラス変換すると，

$$\theta = \frac{1}{hA}\boldsymbol{L}^{-1}\left\{\frac{1}{s(Ts+1)}\right\} = \frac{1}{hA}\left\{\boldsymbol{L}^{-1}\left(\frac{1}{s}\right) - \boldsymbol{L}^{-1}\left(\frac{1}{s+1/T}\right)\right\}$$

$$= \frac{1}{hA}(1 - e^{-t/T}) \tag{10.26}$$

となり，供給熱量を一定にしたときの槽内温度の時間変化が得られる．

なお，このような一定の入力値（ステップ入力またはステップ関数という）に対する出力の応答を「ステップ応答」という．

演習 10.3

流速 v [m/s] の水が流れている長さ L [m] の細管の入口に，溶質濃度 $y(t)$ [mol/m^3] の液体をステップ状に加えたところ，溶質成分の出口濃度 $x(t)$ [mol/m^3] と入口濃度 $y(t)$ との間に，次式の関係（「押出し流れの状態」という）が得られた．

$$x(t) = y(t - \tau) \tag{a}$$

ここで，τ は滞留時間（溶質が細管に入ってから出るまでの時間で，$\tau = L/v$）である．この細管の伝達関数 $G(s)$ を求めてみよう．

10.4 フィードバック制御と伝達関数

制御対象の出力を希望する値に保ちたいときには，一般にフィードバック制御系を組み立てて行う（図 10.4）．

いま，入力を x_0，調節計の出力（制御対象への入力）を y，制御対象の出力を x とし，調節計の伝達関数を $G_C(s)$，制御対象の伝達関数を $G_P(s)$ とするならば，フィードバック制御系の伝達関数 $G(s)$ は次式で表される（この式の導出は読者に任せよう）．

$$G(s) = \frac{G_P(s)G_C(s)}{1 + G_P(s)G_C(s)} \tag{10.27}$$

調節計の伝達関数 $G_C(s)$ は，入力 $(x_0 - x)$ と出力 y との間の関数関係を与える一種の関数発生器の役割を果たしており，$G_C(s)$ をどのように設定するかが制御系設計の課題の一つである．

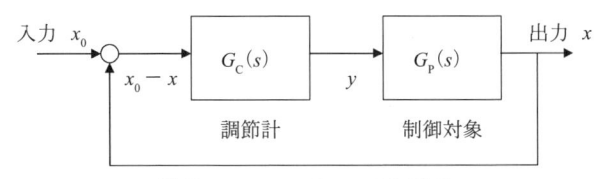

図10.4 フィードバック制御系

■ 調節計の伝達関数を求める

フィードバック制御には普通，比例，積分，微分ならびに比例・積分・微分調節計が用いられる．これらの調節計の伝達関数 $G_{\mathrm{C}}(s)$ がどのように表されるのか，以下にまとめておこう．

比例調節計（P 調節計）とは，入力を z，出力を y としたときに z と y との間に次の関数関係

$$y = K_{\mathrm{P}} z \quad (K_{\mathrm{P}} \text{は比例感度で入力のステップ変化を示す}) \tag{10.28}$$

が成立するものをいい，その伝達関数は次式で表される．

$$G_{\mathrm{C}}(s) = \frac{\boldsymbol{L}(y)}{\boldsymbol{L}(z)} = K_{\mathrm{P}} \tag{10.29}$$

積分調節計（I 調節計）とは次の関係

$$y = \frac{1}{T_{\mathrm{I}}} \int z \mathrm{d}t \quad (T_{\mathrm{I}} \text{は積分時間で積分動作の強さを示す}) \tag{10.30}$$

が成立するものをいい，その伝達関数はラプラス変換の積分法則を適用して次式で表される．

$$G_{\mathrm{C}}(s) = \frac{1}{T_{\mathrm{I}} s} \tag{10.31}$$

微分調節計（D 調節計）とは次の関係

$$y = T_{\mathrm{D}} \frac{\mathrm{d}z}{\mathrm{d}t} \quad (T_{\mathrm{D}} \text{は微分時間で微分動作の強さを示す}) \tag{10.32}$$

が成立するものをいい，その伝達関数はラプラス変換の微分法則を適用して次式で表される．

$$G_{\mathrm{C}}(s) = T_{\mathrm{D}} s \tag{10.33}$$

比例・積分・微分調節計（PID 調節計）とは，比例，積分および微分の三つの動作を同時に行うことのできる調節計で，比例感度 K_{P} は入力信号全体にかかるものとすれば，入力 z と出力 y との間に次の関数関係が成り立つ．

$$y = K_{\mathrm{P}} \left(z + \frac{1}{T_{\mathrm{I}}} \int z \mathrm{d}t + T_{\mathrm{D}} \frac{\mathrm{d}z}{\mathrm{d}t} \right) \tag{10.34}$$

式(10.34) の両辺をラプラス変換すると，

$$\bm{L}(y) = K_\mathrm{P}\left(1 + \frac{1}{T_\mathrm{I}s} + T_\mathrm{D}s\right)\bm{L}(z) \tag{10.35}$$

となるので，比例・積分・微分調節計の伝達関数は，

$$G_\mathrm{C}(s) = \frac{\bm{L}(y)}{\bm{L}(z)} = K_\mathrm{P}\left(1 + \frac{1}{T_\mathrm{I}s} + T_\mathrm{D}s\right) \tag{10.36}$$

で表される．

第11話

流動解析のベースは
ナビエ-ストークスの運動方程式

　第8話では，物質移動，熱移動，運動量移動を表現する汎用的な三次元の非定常式（偏微分方程式）を紹介した．そして第9話と第10話の前半では，定常状態にある物質と熱の移動現象（濃度分布と温度分布）を知るのに，その三次元の非定常式を一次元の定常式（微分方程式）にグレードダウンして用いた．

　ここでは，「ナビエ-ストークスの運動方程式」を適用して，層流いわゆる粘性流で流れる，水のような非圧縮性流体の速度分布（流速分布）を表す式を導くことにする．

　そこでまず，これからの話が"スムーズに流れる"ように，すでに第8話で書き示した「x方向の運動量移動に関するナビエ-ストークスの運動方程式」と「非圧縮性流体に対する連続の式」をまとめて再掲することにしよう．

〈ナビエ-ストークスの運動方程式〉
- ■ 直交座標系

$$\mu\left(\frac{\partial^2 v_x}{\partial x^2} + \frac{\partial^2 v_x}{\partial y^2} + \frac{\partial^2 v_x}{\partial z^2}\right)$$

$$= \rho\left(v_x\frac{\partial v_x}{\partial x} + v_y\frac{\partial v_x}{\partial y} + v_z\frac{\partial v_x}{\partial z}\right) + \rho\frac{\partial v_x}{\partial t} + \frac{\partial P}{\partial x} - \rho g_x \quad (11.1)$$

- ■ 円柱座標系（円柱の軸を x 方向にしている）

$$\mu\left\{\frac{1}{r}\frac{\partial}{\partial r}\left(r\frac{\partial v_x}{\partial r}\right) + \frac{1}{r^2}\frac{\partial^2 v_x}{\partial \theta^2} + \frac{\partial^2 v_x}{\partial x^2}\right\}$$

$$= \rho\left(v_r\frac{\partial v_x}{\partial r} + \frac{v_\theta}{r}\frac{\partial v_x}{\partial \theta} + v_x\frac{\partial v_x}{\partial x}\right) + \rho\frac{\partial v_x}{\partial t} + \frac{\partial P}{\partial x} - \rho g_x \quad (11.2)$$

ここで，式(11.1)および式(11.2)の左辺は拡散項（流体流れでは「粘性項」という），右辺第1項は対流項（流体流れでは「慣性項」という），第2項は蓄積項（時間微分項），第3項は圧力項，第4項は重力項である．

〈連続の式〉

■ 直交座標系

$$\frac{\partial v_x}{\partial x} + \frac{\partial v_y}{\partial y} + \frac{\partial v_z}{\partial z} = 0 \quad (11.3)$$

■ 円柱座標系（円柱の軸を x 方向にしている）

$$\frac{1}{r}\frac{\partial (rv_r)}{\partial r} + \frac{1}{r}\frac{\partial v_\theta}{\partial \theta} + \frac{\partial v_x}{\partial x} = 0 \quad (11.4)$$

二次元ポアズイユ流れを表す微分方程式をつくる

流体が間隔 $2H\,[\mathrm{m}]$ の平板の間を平板と並行に層流で流れている．流体の流れる水平方向（x 方向）の圧力勾配が一定で，流れが定常状態にあるとするならば，流速 $v_x(z)\,[\mathrm{m/s}]$ の分布は次式(11.5)となり，この式で表される流れを「二次元ポアズイユ（Poiseuille）流れ」という．

$$v_x = \frac{\Delta P H^2}{2\mu L}\left\{1 - \left(\frac{z}{H}\right)^2\right\} \quad (11.5)$$

ここで，$\mu\,[\mathrm{kg/m\cdot s}]$ は流体の粘度，$\Delta P\,[\mathrm{kg/m\cdot s^2}]$ は流体の圧力勾配，$z\,[\mathrm{m}]$ は流れの中心軸からの直角方向距離，$L\,[\mathrm{m}]$ は流れの単位長さである．

では，直交座標系で表したナビエ-ストークスの運動方程式(11.1)をベースにして，式(11.5)を導くための微分方程式をつくることにしよう．

そのためには，式(11.1)の不要な項を探し出して削除すればよい．いまの場合は，流速の遅い粘性流を扱っているので，粘性項に対して慣性項は非常に小さく無視できるとして，慣性項をばっさり削除しても構わない．

だがここでは流体流れの状態をなるべく詳しく観察し，「ナビエ-ストークス

の運動方程式」と「連続の式」の各項を細かく吟味しながら不要な項を洗い出すことにしよう．それを箇条書きで示すと次のとおりである．

① 流れが定常状態にあるので，時間微分項の $\partial v_x/\partial t$ は不要．
② 流れの方向が x 方向のみだから $v_y = v_z = 0$ とおけるので，慣性項の $v_y \dfrac{\partial v_x}{\partial y}$ と $v_z \dfrac{\partial v_x}{\partial z}$ は不要．
③ $v_y = v_z = 0$ だから非圧縮性流体に対する連続の式(11.3) において，$\dfrac{\partial v_y}{\partial y} = \dfrac{\partial v_z}{\partial z} = 0$．その結果 $\dfrac{\partial v_x}{\partial x} = 0$ となるので，慣性項の $v_x \dfrac{\partial v_x}{\partial x}$ は不要．
④ x 方向，y 方向に流速が変化しないので，粘性項の $\dfrac{\partial^2 v_x}{\partial x^2}$ と $\dfrac{\partial^2 v_x}{\partial y^2}$ は不要．
⑤ 水平方向の流れで重力の影響がないので，重力項 ρg_x は不要．

これらの不要な項を削除すれば，ナビエ-ストークスの運動方程式(11.1) は次の簡単な偏微分方程式に書きかえられる．

$$\mu \frac{\partial^2 v_x}{\partial z^2} = \frac{\partial P}{\partial x} \tag{11.6}$$

さらに，圧力 P は x のみの関数，流速 v_x は z のみの関数であることを考慮すれば，式(11.6) の偏微分は微分におきかえられる．

$$\frac{\mathrm{d}^2 v_x}{\mathrm{d} z^2} = \frac{1}{\mu} \frac{\mathrm{d} P}{\mathrm{d} x} \tag{11.7}$$

■ 二次元ポアズイユ流れの式を導く

微分方程式(11.7) を z で積分すると，

$$\frac{\mathrm{d} v_x}{\mathrm{d} z} = \frac{1}{\mu} \frac{\mathrm{d} P}{\mathrm{d} x} z + C_1 \quad (C_1 \text{は任意定数}) \tag{11.8}$$

が得られ，微分方程式(11.8) を再度 z で積分すれば，微分方程式(11.7) の一般解が得られる．

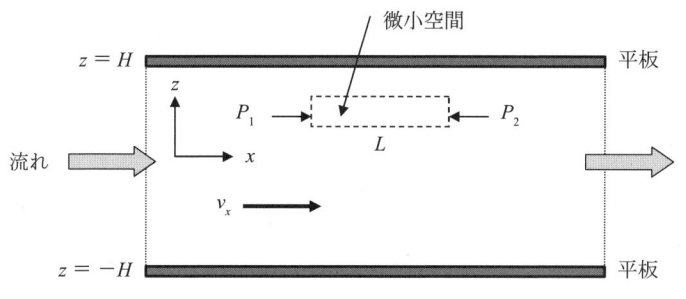

図11.1 平行平板間の流れ

$$v_x = \frac{1}{2\mu}\frac{dP}{dx}z^2 + C_1 z + C_2 \quad (C_2 \text{ は任意定数}) \tag{11.9}$$

一般解(11.9)を特定する（特殊解を求める）ために，"粘性流では壁面（この場合は平板）に接しているところの流速は0となる（滑りがない）"ことに着目して，境界条件を次のように設定する（図11.1）．

$z = -H$ のとき $v_x = 0$

$z = H$ のとき $v_x = 0$

この二つの境界条件を式(11.9)に入れて任意定数 C_1 と C_2 を求め，それらを再び式(11.9)に代入して変形すれば，特殊解（平行平板間を層流で流れる非圧縮性流体の流速分布を表現する式）が得られる．

$$v_x = -\frac{H^2}{2\mu}\frac{dP}{dx}\left\{1 - \left(\frac{z}{H}\right)^2\right\} \tag{11.10}$$

あとは，圧力勾配 dP/dx をいかに表すかである．さきに述べたように，流れ方向の圧力勾配は一定（しかも負）だとしているので，流れの中に仮想した長さ L の微小空間の上流側と下流側の圧力をそれぞれ $P_1, P_2 (P_1 > P_2)$ とすれば，圧力勾配は次のように表される．

$$\frac{dP}{dx} = -\frac{P_1 - P_2}{L} = -\frac{\Delta P}{L} \quad (P_1 - P_2 = \Delta P \text{ とおいた}) \tag{11.11}$$

この圧力勾配を式(11.10)に適用すれば，二次元ポアズイユ流れを表す式(11.5)が得られる．

なお，境界条件を「$z=0$ のとき $v_x=0$, $z=2H$ のとき $v_x=0$」と設定して一般解(11.9)を特定すれば次式となる．

$$v_x = \frac{1}{2\mu}\frac{dP}{dx}z^2 - \frac{H}{\mu}\frac{dP}{dx}z \tag{11.12}$$

式(11.12)の dP/dx に $-\Delta P/L$ を代入すると，

$$v_x = \frac{\Delta P H^2}{2\mu L}\left\{1-\left(\frac{z}{H}-1\right)^2\right\} \tag{11.13}$$

となり，z 軸の原点を H だけずらせば，式(11.13)は式(11.5)と一致する．

■ 二次元クエット流れの式を導く

平行に置かれた二つの平板の片方が，速度 u[m/s] で流体の流れる方向に動く場合，両平板間を流れている潤滑油などの流体の流速分布 $v_x(z)$[m/s] はどのように表されるのだろうか．二次元ポアズイユ流れの場合と同じ前提条件で導いてみよう．

前提条件が同じなので，ナビエ-ストークスの運動方程式(11.1)から得られる微分方程式も，またその一般解も同じである．

$$\frac{d^2 v_x}{dz^2} = \frac{1}{\mu}\frac{dP}{dx} \tag{11.7}$$

$$v_x = \frac{1}{2\mu}\frac{dP}{dx}z^2 + C_1 z + C_2 \quad (C_1, C_2 \text{ は任意定数}) \tag{11.9}$$

ここで，境界条件として，

$z=0$ のとき $v_x=0$（固定平板に接しているところの流速）
$z=2H$ のとき $v_x=u$（移動平板とともに動く流速）

と設定すれば，特殊解は次式(11.14)となり，この式で表される流れを「二次元クエット（Couette）流れ」という．

$$v_x = \frac{1}{2\mu}\frac{dP}{dx}z^2 - \frac{H}{\mu}\frac{dP}{dx}z + \frac{u}{2H}z \tag{11.14}$$

二次元クエット流れとして通常は，流れの駆動力となる圧力勾配がない（$dP/dx=0$ となる）場合がよく紹介されているが，そのときの平板間の流速

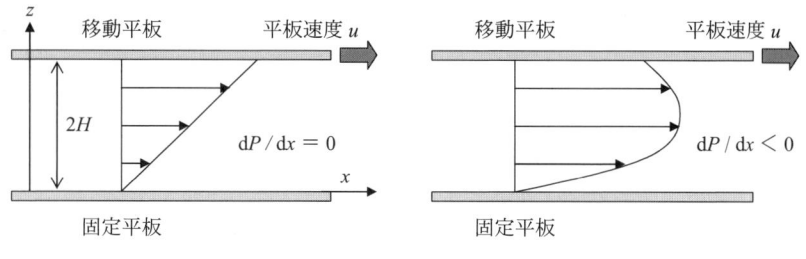

図11.2 二次元クエット流れの流速分布

(a) 流れ方向の圧力勾配なし
(b) 流れ方向の圧力勾配あり

は次のような直線分布となる（図11.2(a)）．

$$v_x = \frac{u}{2H}z \tag{11.15}$$

もし一定の圧力勾配があり，その圧力勾配が式(11.11)で与えられるとすれば，二次元クエット流れは次のようになる（図11.2(b)）．

$$v_x = \frac{\Delta P H^2}{2\mu L}\left\{1 - \left(\frac{z}{H} - 1\right)^2\right\} + \frac{u}{2H}z \tag{11.16}$$

■ ハーゲン-ポアズイユ流れを表す微分方程式をつくる

水平に置かれた内半径 $R[\mathrm{m}]$ の円筒管内を流体が層流で流れている．流体の流れる x 方向の圧力勾配が一定で，流れが定常状態にあるとすれば，円筒管内を流れる流体の半径 r 方向の流速 $v_x(r)[\mathrm{m/s}]$ の分布は次式(11.17)となる．この式で表される流れを「ハーゲン-ポアズイユ（Hagen-Poiseuille）流れ」と呼んでいる．

$$v_x(r) = \frac{\Delta P R^2}{4\mu L}\left\{1 - \left(\frac{r}{R}\right)^2\right\} \tag{11.17}$$

ここで，$r[\mathrm{m}]$ は流れの中心軸からの半径方向距離（他の使用記号 $\mu, \Delta P, L$ は，二次元ポアズイユ流れの場合と同じ）である．

このケースは二次元ポアズイユ流れと異なり，円筒管内の半径方向の流速分布が議論の対象となる．したがって起点となる式は，円柱座標系で表したナビエ-ストークスの運動方程式(11.2)である．なのでこれから，式(11.2)をベー

スにして式(11.17)を導くための微分方程式をつくることにしよう．

そこで二次元ポアズイユ流れの場合と同じ手順で，式(11.2)の不要な項を洗い出すことにする．

① 流れが定常状態にあるので，時間微分項の $\partial v_x/\partial t$ は不要．

② 流れの方向が x 方向のみだから，半径 r 方向の流速 $v_r = 0$，旋回 θ 方向の流速 $v_\theta = 0$ とおけるので，慣性項の $v_r\dfrac{\partial v_x}{\partial r}$ と $\dfrac{v_\theta}{r}\dfrac{\partial v_x}{\partial \theta}$ は不要．

③ $v_r = v_\theta = 0$ だから非圧縮性流体に対する連続の式(11.4)において，$\dfrac{\partial (rv_r)}{\partial r} = \dfrac{\partial v_\theta}{\partial \theta} = 0$．その結果 $\dfrac{\partial v_x}{\partial x} = 0$ となるので，慣性項の $v_x\dfrac{\partial v_x}{\partial x}$ は不要．

④ x 方向，θ 方向に流速が変化しないので，粘性項の $\dfrac{\partial^2 v_x}{\partial x^2}$ と $\dfrac{\partial^2 v_x}{\partial \theta^2}$ は不要．

⑤ 水平方向の流れで重力の影響がないので，重力項 ρg_x は不要．

これらの不要な項を削除すると，ナビエ-ストークスの運動方程式(11.2)は次の偏微分方程式に書きかえられる．

$$\mu \frac{1}{r}\frac{\partial}{\partial r}\left(r\frac{\partial v_x}{\partial r}\right) = \frac{\partial P}{\partial x} \tag{11.18}$$

さらに，圧力 P は x のみの関数，流速 v_x は r のみの関数であることを考えれば，偏微分は微分でおきかえられ，式(11.18)は次式で表すことができる．

$$\frac{\mathrm{d}}{\mathrm{d}r}\left(r\frac{\mathrm{d}v_x}{\mathrm{d}r}\right) = \frac{1}{\mu}\frac{\mathrm{d}P}{\mathrm{d}x}r \tag{11.19}$$

■ ハーゲン-ポアズイユ流れの式を導く

微分方程式(11.19)の一般解を求めるために，式(11.19)の両辺を r で積分すると次のようになる．

$$r\frac{\mathrm{d}v_x}{\mathrm{d}r} = \frac{1}{2\mu}\frac{\mathrm{d}P}{\mathrm{d}x}r^2 + C_1 \text{ より,}$$

$$\frac{dv_x}{dr} = \frac{1}{2\mu}\frac{dP}{dx}r + \frac{C_1}{r} \quad (C_1 \text{は任意定数}) \tag{11.20}$$

ここで，式(11.20)の任意定数 C_1 について考えてみよう．任意定数 C_1 が 0 以外の値だとすると，$r \to 0$ としたときに式(11.20)の右辺は無限大になってしまう．このことは何を意味しているかといえば，"$r = 0$ すなわち円筒管の中心で流速の勾配 dv_x/dr が無限大になる"ことである（流速 $v_x(r)$ は円筒管の中心で最大となり，その分布は管の中心軸に対して対称であるはずなのに……）．このようなことは物理的に起こり得ないので，必然的に $C_1 = 0$ でなければならない．というわけで，式(11.20)は次式となる．

$$\frac{dv_x}{dr} = \frac{1}{2\mu}\frac{dP}{dx}r \tag{11.21}$$

式(11.21)の両辺を r で積分すると，微分方程式(11.19)の一般解が次式として得られる．

$$v_x = \frac{1}{4\mu}\frac{dP}{dx}r^2 + C_2 \quad (C_2 \text{は任意定数}) \tag{11.22}$$

ここで，"粘性流では円筒管の壁面において流速は 0"となることから，境界条件を「$r = R$ のとき $v_x = 0$」と設定すれば，特殊解（円筒管内を層流で流れる非圧縮性流体の流速分布を表す式）が次式として得られる（図11.3）．

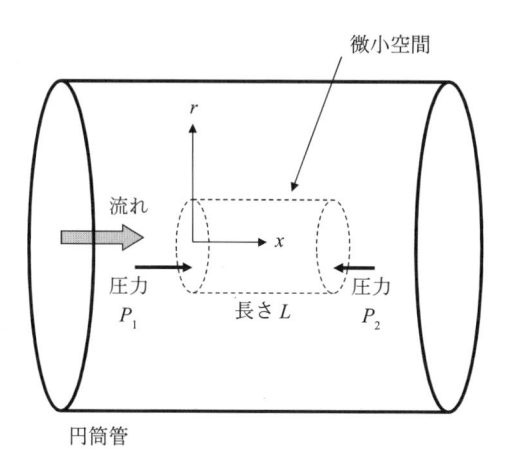

図11.3 円筒管内の流れ（円柱座標系）

$$v_x = \frac{1}{4\mu}\frac{\mathrm{d}P}{\mathrm{d}x}(r^2 - R^2) \tag{11.23}$$

さらに，圧力勾配を二次元ポアズイユ流れの場合と同じように式(11.11)で与えてやれば，ハーゲン-ポアズイユ流れを表す式(11.17)が導ける．

> **演習 11.1**
>
> 水平に置かれた半径 aR[m] の内筒と半径 R[m] の外筒からなる同軸二重円筒管がある．この同軸円筒管の内筒と外筒の間（二重円筒殻内）を粘度 μ[kg/m・s] の流体が層流で流れるとき，その流体の流速分布 $v_x(r)$[m/s] は次式で表されることを確かめてみよう．
>
> $$v_x(r) = \frac{\Delta P R^2}{4\mu L}\left\{1 - \left(\frac{r}{R}\right)^2 + \frac{1-a^2}{\ln(1/a)}\ln\frac{r}{R}\right\}$$
>
> ただし，r[m] は同軸二重円筒管の中心軸からの半径方向距離，L[m] と ΔP[kg/m・s^2] はそれぞれ，流れの中に仮想した円筒形の微小空間の長さと圧力勾配である．

■ 直交座標系でハーゲン-ポアズイユ流れの式を導く

前項では，ハーゲン-ポアズイユ流れを表す式(11.17)を導くのに，円柱座標系を用いて微分方程式をつくり，その微分方程式を真正面から真正直に解いた．だが，"円筒管の壁面では滑りがない"という境界条件をうまく使った導き方もあるので，それを紹介しておこう（図11.4）．

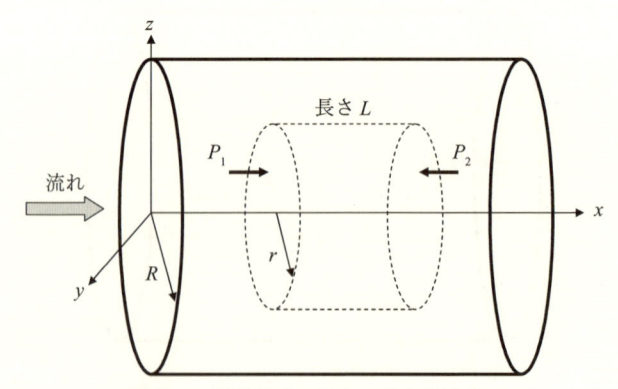

図11.4 円筒管内の流れ（直交座標系）

円筒管内を x 方向へ層流で流れる流体に直交座標系を適用し，直交座標系で表したナビエ-ストークスの運動方程式(11.1)の不要な項を探してみると，それらは慣性項，時間微分項，重力項，それに x 方向の速度勾配 $\partial v_x/\partial x$ である．したがって，基礎となる偏微分方程式は次式で与えられる．

$$\mu\left(\frac{\partial^2 v_x}{\partial y^2} + \frac{\partial^2 v_x}{\partial z^2}\right) = \frac{\partial P}{\partial x} \tag{11.24}$$

ここで境界条件は，「円筒管の壁面において，$v_x(y,z) = 0$ であり $y^2 + z^2 - R^2 = 0$（壁面の方程式より）」と設定できる．

この条件を満足する v_x の解を，

$$v_x = k(y^2 + z^2 - R^2) \tag{11.25}$$

とおき，これを式(11.24)に入れて係数 k を求め，圧力項の偏微分を微分に書き直せば k は次のようになる．

$$k = \frac{1}{4\mu}\frac{\mathrm{d}P}{\mathrm{d}x} \tag{11.26}$$

この k を式(11.25)に代入し，流体の流れている円筒管の任意断面の方程式が $y^2 + z^2 = r^2$ となることを考慮すれば，式(11.23)と同じ次式が得られる．

$$v_x(r) = \frac{1}{4\mu}\frac{\mathrm{d}P}{\mathrm{d}x}(y^2 + z^2 - R^2)$$

$$= \frac{1}{4\mu}\frac{\mathrm{d}P}{\mathrm{d}x}(r^2 - R^2) \tag{11.27}$$

そして，式(11.27)の圧力勾配 $\mathrm{d}P/\mathrm{d}x$ を式(11.11)で与えれば，ハーゲン-ポアズイユ流れを表す式(11.17)が導かれる．

円柱座標系で表されるナビエ-ストークスの運動方程式が不確かだったり不明だったり，また微分方程式の解き方を忘れてしまったときなどには，便利な方法である．

第12話

非定常現象 の解析が得意な
偏微分方程式

　偏微分方程式の種類はいろいろあるが，化学工学で扱う偏微分方程式の型はそれほど多くなく形も似ている．そのため，解析的解法の基本的な進め方は，初期条件と境界条件によって細部で若干異なるものの，ほぼ共通している．

　具体例については第13話以降のテーマにすることにして，ここでは微分方程式の授業で学んだ事柄の復習と整理を兼ねて，化学工学で現れる偏微分方程式の型と解析的解法の手順を一通り眺めることにしよう．

12.1　一次元拡散方程式

　物理量（物質量，熱量，運動量）の移動が拡散による1方向（z[m] 方向とする）だけであって，対象とする空間内では物理量の生成も消失もないとすれば，第8話で紹介した「移動現象を表す直交座標系の三次元非定常式」は，不要な項が削除されて次の偏微分方程式になる．このような偏微分方程式を一般に「一次元拡散方程式」と呼んでいる．

$$物質移動の式 \quad D\frac{\partial^2 C}{\partial z^2} = \frac{\partial C}{\partial t} \tag{12.1}$$

熱移動の式　　　　$k\dfrac{\partial^2 T}{\partial z^2} = \rho C_P \dfrac{\partial T}{\partial t}$ （12.2）

運動量移動の式　$\mu\dfrac{\partial^2 v_x}{\partial z^2} = \rho \dfrac{\partial v_x}{\partial t}$ （12.3）

ここで，$C[\mathrm{mol/m^3}]$ は物質の体積モル濃度，$T[\mathrm{K}]$ は温度，$v_x[\mathrm{m/s}]$ は流体の速度（ベクトル）の x 成分，$t[\mathrm{s}]$ は時間であり，また $D[\mathrm{m^2/s}]$ は拡散係数，$k[\mathrm{J/m\cdot s\cdot K}]$ は熱伝導度，$\rho[\mathrm{kg/m^3}]$ は密度，$C_P[\mathrm{J/kg\cdot K}]$ は熱容量，$\mu[\mathrm{kg/m\cdot s}]$ は粘度である．

式(12.2)と式(12.3)で用いられている物性定数を左辺に集め，$k/(\rho C_P) = \alpha$，$\mu/\rho = \nu$ とおけば，次式のように書きかえられる（式(12.1)はそのまま）．

物質移動の式　　　$D\dfrac{\partial^2 C}{\partial z^2} = \dfrac{\partial C}{\partial t}$ （12.1）

熱移動の式　　　　$\alpha\dfrac{\partial^2 T}{\partial z^2} = \dfrac{\partial T}{\partial t}$ （12.4）

運動量移動の式　$\nu\dfrac{\partial^2 v_x}{\partial z^2} = \dfrac{\partial v_x}{\partial t}$ （12.5）

ここで，係数 D，α（熱拡散係数という），ν（動粘度という）の単位はいずれも $[\mathrm{m^2/s}]$ である．しかも見てわかるとおり，式(12.1)，式(12.4)，式(12.5)は従属変数（濃度 C，温度 T，速度 v_x）が異なるだけで，まったく同じ型の偏微分方程式である．これらの偏微分方程式は式の形が放物線の方程式 $y^2 = ax$ に似ていることから，「放物型の偏微分方程式」として分類されている．

一方，物理量の移動空間として円柱あるいは球形領域を設定しなければならない場合には，第8話で述べた円柱座標系かまたは球座標系を用いることになる．移動が半径 $r[\mathrm{m}]$ 方向への拡散だけで，軸と旋回方向あるいは経度・緯度方向の拡散が無視でき，対象空間では物理量の生成も消失もないとすれば，たとえば熱移動を表す式は次のようになる（物質移動や運動量移動についても，同じ形の偏微分方程式で表すことができる）．

円柱座標系　$\alpha\dfrac{1}{r}\dfrac{\partial}{\partial r}\left(r\dfrac{\partial T}{\partial r}\right) = \dfrac{\partial T}{\partial t}$ より，

$$\alpha\left(\frac{\partial^2 T}{\partial r^2} + \frac{1}{r}\frac{\partial T}{\partial r}\right) = \frac{\partial T}{\partial t} \tag{12.6}$$

球座標系　$\alpha\dfrac{1}{r^2}\dfrac{\partial}{\partial r}\left(r^2\dfrac{\partial T}{\partial r}\right) = \dfrac{\partial T}{\partial t}$ より，

$$\alpha\left(\frac{\partial^2 T}{\partial r^2} + \frac{2}{r}\frac{\partial T}{\partial r}\right) = \frac{\partial T}{\partial t} \tag{12.7}$$

12.2　ラプラス方程式

物理量の移動が拡散による2方向（x方向とy方向とする）で，対象空間では物理量の生成も消失もなく，また蓄積もない（定常状態にある）とするならば，「移動現象を表す直交座標系の三次元非定常式」の不要な項が削除されて，たとえば熱移動を表す式は次のようになる（物理量が変わっても，従属変数が異なるだけで偏微分方程式の形はまったく同じ）．

$$\text{熱移動の式}\quad \frac{\partial^2 T}{\partial x^2} + \frac{\partial^2 T}{\partial y^2} = 0 \tag{12.8}$$

このような偏微分方程式は二次元の定常式であり，一般に「ラプラス方程式」と呼ばれているが，式の形が楕円の方程式に似ていることから，「楕円型の偏微分方程式」ともいわれる．

12.3　一次元波動方程式

振動や波動現象を解き明かすために用いられるのが波動方程式である．最も簡単な，たとえば弦を伝わる波の運動を表現する「一次元波動方程式」は次式で表され，「双曲型の偏微分方程式」に分類される．

$$c^2\frac{\partial^2 u}{\partial x^2} = \frac{\partial^2 u}{\partial t^2} \tag{12.9}$$

ここで，u[m] は変位（波の伝わるx軸方向に直角な距離），t[s] は時間，また c^2[m²/s²] は T/ρ をおきかえた定数（ただし，T[kg·m/s²] は弦の張力，ρ [kg/m] は弦の線密度すなわち単位長さあたりの質量）である．この c^2 の単位

が速度の単位［m/s］の2乗であることから推察できるように，係数cは弦を伝わる波の速度を表している．

一次元拡散方程式とラプラス方程式の由来はすでに述べたが，一次元波動方程式(12.9)がどのように導かれるのか，次に書いてみよう．ギターやウクレレの弦をつま弾くことを思い浮かべながら，読み進めていただきたい．

◾ つま弾かれた弦に働く力を求める

弦をつま弾くと弦が振動して小さな横波が起こる．一次元波動方程式(12.9)は，このときの弦の微小部分に働く"力のつり合い"から導くことができる．

弦をパチンとつま弾けば，はじめはx軸上に静止していた弦が，つま弾かれたことによってx軸を含む平面内を上下に小さく運動（つまり振動）するようになる（図12.1）．このときの変位を$u(=u(x,t))$としよう．

弦が上下に運動すると，弦の微小長さ$\Delta L\,[\mathrm{m}]$の両端には，弦の接線方向に張力Tが働き，点Aでは弦の動きをx軸に戻そうとし，点Bではx軸から遠ざけようとする．

点Aにおいて弦がx軸となす角をθとすれば，$\tan\theta$は弦の勾配だから次式で近似できる．

$$\tan\theta \fallingdotseq \frac{\Delta u}{\Delta x} = \frac{\partial u}{\partial x} \tag{12.10}$$

uが微小な変位であることを考えれば角θも小さく，直感的に$\Delta L \fallingdotseq \Delta x$とみなせるので，次のような関係が近似的に得られる．

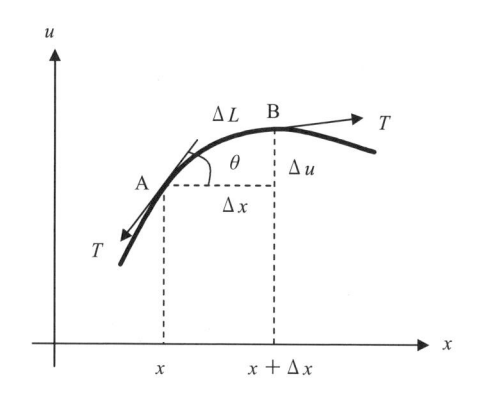

図12.1 弦の振動

$$\sin\theta \fallingdotseq \frac{\Delta u}{\Delta L} \fallingdotseq \frac{\Delta u}{\Delta x} \fallingdotseq \tan\theta \tag{12.11}$$

したがって，点 A における x 軸に対して直角方向（u 方向）の張力 T_u は，次式で表すことができる．

$$T_u = T\sin\theta \fallingdotseq T\tan\theta = T\frac{\partial u}{\partial x} \tag{12.12}$$

ここで，u 方向の力 F_u を考えてみよう．弦の張力はさきに述べたように，点 A では x 軸に近づく方向に，点 B では x 軸から遠ざかる方向に働くので，力 F_u は張力 T_u の差として次式のように求められる（正しくは，$u(x)$ は $u(x,t)$ と書くべきだが……）．

$$F_u = T\frac{\partial u(x+\Delta x)}{\partial x} - T\frac{\partial u(x)}{\partial x} \tag{12.13}$$

式 (12.13) の右辺第 1 項を，第 7 話を思い出してテイラー展開すると，

$$F_u = T\left\{\frac{\partial u(x)}{\partial x} + \frac{\partial^2 u(x)}{\partial x^2}\Delta x + \frac{1}{2}\frac{\partial^3 u(x)}{\partial x^3}(\Delta x)^2 + \cdots\cdots\right\} - T\frac{\partial u(x)}{\partial x} \tag{12.14}$$

となり，u が微小な変位であることを考えれば，Δx も微小量とみなせるので式 (12.14) 右辺の { } 内の第 3 項以降は無視できる．

したがって，u 方向の力 F_u は次式で与えられる．

$$F_u = T\frac{\partial^2 u(x)}{\partial x^2}\Delta x \tag{12.15}$$

他方，弦の線密度を ρ とすれば，弦の微小長さ ΔL の質量 $\rho\Delta L$ は $\rho\Delta x$ で近似できる．それゆえ，弦の u 方向の動きに対する運動方程式（力 = 質量 × 加速度）は次式で表される．

$$F_u = \rho\Delta x\frac{\partial^2 u}{\partial t^2} \tag{12.16}$$

ということで，式 (12.15) と式 (12.16) を等しいとおいて両辺を Δx で割れば，

$$T\frac{\partial^2 u}{\partial x^2} = \rho\frac{\partial^2 u}{\partial t^2} \tag{12.17}$$

が得られ，$T/\rho = c^2$ と書きかえることによって，式(12.17)は一次元波動方程式(12.9)になる．

演習 12.1

曲線 $y = f(x)$ $(a \leq x \leq b)$ の長さ l は，次の積分公式から求められる（微分積分の書籍より）．

$$l = \int_a^b \sqrt{1 + \left(\frac{dy}{dx}\right)^2}\, dx$$

いま，弦の変位 $u(= u(x,t))$ が微小な変位であるとしたとき（図12.1を参照），"弦の微小長さ ΔL は x 軸上の微小長さ Δx で近似できる" ことを，上の積分公式を使って確かめてみよう．

12.4 偏微分方程式の無次元化

さきに示した偏微分方程式(12.1)，(12.4)，(12.5)は形は同じだが，従属変数である濃度 C，温度 T，速度 v_x の単位が異なっている．このままでも構わないが，従属変数を無次元量に変換（すなわち無次元化）するならば，偏微分方程式もその解も一般性が高まる．

そこで，物理量の移動が始まる場所（または時間）の濃度，温度，速度をそれぞれ C_0，T_0，v_{x0}，移動の終わる場所（または時間）のそれらを C_1，T_1，v_{x1} と表し，それぞれ次のように変数変換して，記号 $\theta[-]$ と書くことにする．

$$\theta = \frac{C - C_1}{C_0 - C_1},\ \theta = \frac{T - T_1}{T_0 - T_1},\ \theta = \frac{v_x - v_{x1}}{v_{x0} - v_{x1}} \quad (12.18)$$

この無次元量 θ（0～1 の値）を偏微分方程式(12.1)，(12.4)，(12.5)に用いると，それぞれ次式のように変換される．

物質移動の式　　$D\dfrac{\partial^2 \theta}{\partial z^2} = \dfrac{\partial \theta}{\partial t}$ (12.19)

熱移動の式　　$\alpha\dfrac{\partial^2 \theta}{\partial z^2} = \dfrac{\partial \theta}{\partial t}$ (12.20)

運動量移動の式　$\nu \dfrac{\partial^2 \theta}{\partial z^2} = \dfrac{\partial \theta}{\partial t}$ (12.21)

これで，従属変数を無次元量とする偏微分方程式（いわゆる半無次元化一次元拡散方程式）が得られた．

一次元拡散方程式を解く場合，これらの半無次元化式からスタートすることも多いが，独立変数の距離 z[m] と時間 t[s] は単位を持ったままである．そこで，より一般性を高めるために独立変数も無次元化することにしよう．

一般性を高めると何が好都合かといえば，"現象の状況が変わっても，また従属変数の種類や物性定数の組合せが変更になっても，式や解が互いに利用できる（平たくいえば，物質移動についての偏微分方程式から得られた解が，熱移動などにも共用できる）" ということである．

さて，距離 z については，物理量の移動する実際の距離（または基準となる距離）を L[m] として z/L とすれば無次元距離となる．これを記号 ξ[—] で表すことにする．

$$\xi = \frac{z}{L} \tag{12.22}$$

さらに時間 t を無次元化するために，式(12.22)を式(12.19)〜(12.21)に入れて変形する．たとえば，式(12.19)については次のとおりである．

$D \dfrac{\partial^2 \theta}{\partial (\xi L)^2} = \dfrac{\partial \theta}{\partial t}$ より，

$$\frac{D}{L^2} \frac{\partial^2 \theta}{\partial \xi^2} = \frac{\partial \theta}{\partial t} \tag{12.23}$$

そして，次元を持ったままの量を右辺分母の t のところに集めると，式(12.23)は次式のように表せる．

$$\frac{\partial^2 \theta}{\partial \xi^2} = \frac{\partial \theta}{\partial (Dt/L^2)} \tag{12.24}$$

式(12.24)を見ていただこう．左辺の分子も分母も，また右辺の分子も無次元量である．となると，右辺の分母が無次元量でなければ，式(12.24)が等式として成り立たない．このことから，次式(12.25)に書くような変数変換 ϕ[—] による無次元時間ができあがる（$z = \xi L$ を式(12.20)と式(12.21)に入れ

て得られた無次元時間も同時に示す).

$$\phi = \frac{Dt}{L^2}, \ \phi = \frac{\alpha t}{L^2}, \ \phi = \frac{\nu t}{L^2} \tag{12.25}$$

無次元距離 ξ と無次元時間 ϕ を偏微分方程式(12.19)〜(12.21)に用いれば，直交座標系による一次元拡散方程式が完全に無次元化され，ただ一つの偏微分方程式で表される．

$$\frac{\partial^2 \theta}{\partial \xi^2} = \frac{\partial \theta}{\partial \phi} \tag{12.26}$$

ここでは示さないが，円柱座標系と球座標系で表される一次元拡散方程式も，またラプラス方程式も，まったく同じ手続きで無次元化できる．

12.5 偏微分方程式の解析的解法

偏微分方程式を解析的に解く定石は，偏微分方程式を微分方程式に変えることである．そうすれば，これまでに培ってきた知識を使う途が開ける．

独立変数が二つの偏微分方程式を解析的に解く方法として，「変数分離法」と「変数結合法」が通常よく用いられる．偏微分方程式が一次元拡散方程式だとするならば，変数分離法は"従属変数である物理量を，独立変数である時間の関数と距離の関数の積とみなして解く方法"であり，変数結合法は"物理量を，時間と距離を結合した変数の関数とみなして解く方法"である．

変数分離法も変数結合法も，ともに偏微分方程式を微分方程式に変換して一般解を求め，それから特殊解を求める方法だが，これとは別に偏微分方程式を直接変換して特殊解を求める方法に，「ラプラス変換法」と「フーリエ変換法」がある．これらはいずれも変数結合法の代わりに用いられる方法である．

ラプラス変換法は第10話に示した線形微分方程式を解く手順とまったく同じ（ただし，独立変数が増える分だけ手数も増えるが……）だから割愛することにし，またフーリエ変換法はあとの第15話であらためて話題にする「一次元波動方程式の解法」の中で書くことにする．なのでここでは，変数分離法と変数結合法の概要を述べて，第13話以降の中で現れる具体例を理解するための道標にしたい．

117

■ 変数分離法で解く

代表例として，無次元化された一次元拡散方程式(12.26) に適用することにしよう．

ではどうするかというと，変数 ξ と ϕ からなる関数 $\theta(\xi, \phi)$ が，変数 ξ のみからなる関数 $f(\xi)$ と変数 ϕ のみからなる関数 $g(\phi)$ の積で成り立っていると考えるのである．

$$\theta(\xi, \phi) = f(\xi)g(\phi) \tag{12.27}$$

この関係を式(12.26) に代入すれば，偏微分は微分におきかえられる．

$$g(\phi)\frac{\mathrm{d}^2 f(\xi)}{\mathrm{d}\xi^2} = f(\xi)\frac{\mathrm{d}g(\phi)}{\mathrm{d}\phi} \tag{12.28}$$

式(12.28) の両辺を $f(\xi)g(\phi)$ で割ると次式が得られる．

$$\frac{1}{f(\xi)}\frac{\mathrm{d}^2 f(\xi)}{\mathrm{d}\xi^2} = \frac{1}{g(\phi)}\frac{\mathrm{d}g(\phi)}{\mathrm{d}\phi} \tag{12.29}$$

式(12.29) を眺めてみると，左辺は変数 ξ のみの関数，右辺は変数 ϕ のみの関数になっている．とすれば，どのような ξ や ϕ の値を入れても，等式(12.29) が成り立つためには，式(12.29) の両辺が"同じ値の定数"でなければならないことになる．この定数を K とおけば，次の二つの微分方程式が得られる．

$$\frac{1}{g(\phi)}\frac{\mathrm{d}g(\phi)}{\mathrm{d}\phi} = K \tag{12.30}$$

$$\frac{1}{f(\xi)}\frac{\mathrm{d}^2 f(\xi)}{\mathrm{d}\xi^2} = K \tag{12.31}$$

式(12.30) は微分方程式として最も簡単な，積分するだけで解が得られる「変数分離形微分方程式」であり，式(12.31) は K が 0 でなければ，第9話で取り上げた「定数係数斉次線形二階微分方程式」である．したがって，これらの微分方程式は容易に解けて一般解 $g(\phi)$ と $f(\xi)$ が得られる．そして，得られた $g(\phi)$ と $f(\xi)$ を式(12.27) に適用することによって，偏微分方程式(12.26) の一般解が求まる．

ところが，定数 K が"くせ者"なのだ．第9話の前半に記述した内容を思い

返せばわかると思うが，K が正の場合と負の場合とで式(12.31) の一般解 $f(\xi)$ の関数形が異なるからである（$K = 0$ の場合，$f(\xi)$ は一次式となる）．

では，$f(\xi)$ の関数形としてどれを採用すべきか，ということになるわけだが，それは設定した境界条件（または初期条件）を満たし，事象に合うように，定数 K の値の範囲（正か負か）を判断して決めることになる．

したがって，変数分離法を用いて偏微分方程式を解く場合は，対象とする事象を事前に具体的に吟味して，境界条件と初期条件を前もって設定しておかなければならない．

ところで，少し先走っていることになるが，円柱座標系と球座標系で表した一次元拡散方程式を変数分離法で解き進めていくと，定数係数斉次線形二階微分方程式ではなくて，特殊な斉次線形二階微分方程式（ベッセル微分方程式という）が現れる．これについては，本書の終盤近くになって話題にすることにしよう．

■ 変数結合法で解く

変数結合法の場合も，無次元化された一次元拡散方程式(12.26) に適用する．

変数結合法では，変数 ξ と ϕ を結合した新たな独立変数（η とする）を見いだすことがポイントとなる．それによって関数 $\theta(\xi, \phi)$ が η のみの関数 $\theta(\eta)$ となり，偏微分方程式(12.26) が微分方程式に変換できるからである．

ならば η がどのような変数であればよいかということになるが，そこは"先達のひらめきと知恵"を借りて次のようにおくことからスタートする．

$$\eta = a\xi\phi^c \tag{12.32}$$

ただし，a と c は θ が η のみの関数 $\theta(\eta)$ で表されるように，あとで決定される係数とべき数である．

さて，無次元量 θ が式(12.32) で表される η の関数だとするならば，偏微分方程式(12.26) の両辺は次のように書くことができる（偏微分と微分の使い分けに注意されたい）．

$$\frac{\partial \theta}{\partial \phi} = \frac{\partial \theta}{\partial \eta}\frac{d\eta}{\partial \phi} = \frac{d\theta}{d\eta}\frac{d\eta}{d\phi} = \frac{d\theta}{d\eta}(ac\xi\phi^{c-1})$$

$$= \frac{c\eta}{\phi}\frac{d\theta}{d\eta} \tag{12.33}$$

$$\frac{\partial^2 \theta}{\partial \xi^2} = \frac{\partial}{\partial \xi}\left(\frac{\partial \theta}{\partial \xi}\right) = \frac{\partial}{\partial \xi}\left(\frac{\partial \theta}{\partial \eta}\frac{d\eta}{\partial \xi}\right)$$

$$= \frac{\partial}{\partial \xi}\left(\frac{d\theta}{d\eta}\frac{d\eta}{d\xi}\right) = \frac{\partial}{\partial \xi}\left(a\phi^c\frac{d\theta}{d\eta}\right)$$

$$= a\phi^c\frac{\partial}{\partial \eta}\left(\frac{d\theta}{d\eta}\right)\frac{\partial \eta}{\partial \xi} = a\phi^c\frac{d}{d\eta}\left(\frac{d\theta}{d\eta}\right)\frac{d\eta}{d\xi} = a\phi^c\frac{d^2\theta}{d\eta^2}(a\phi^c)$$

$$= (a\phi^c)^2\frac{d^2\theta}{d\eta^2} = \left(\frac{\eta}{\xi}\right)^2\frac{d^2\theta}{d\eta^2} \tag{12.34}$$

式(12.33) と式(12.34) を式(12.26) に適用すれば次式となる．

$$\left(\frac{\eta}{\xi}\right)^2\frac{d^2\theta}{d\eta^2} = \frac{c\eta}{\phi}\frac{d\theta}{d\eta} \text{ より,}$$

$$\frac{\phi}{c\xi^2}\eta\frac{d^2\theta}{d\eta^2} = \frac{d\theta}{d\eta} \tag{12.35}$$

この式の左辺の係数 $\phi\eta/(c\xi^2)$ が η のみで表されるように a と c を決めれば，式(12.35) は独立変数が一つだけの，関数 $\theta(\eta)$ に関する微分方程式になる．ならば a と c をどのような値にするかということになるわけだが，ここでも"先達のひらめきと知恵"を借りることにして，$a = 1/2$, $c = -1/2$ とする．

そうすると，式(12.32) の η は，

$$\eta = \frac{1}{2}\frac{\xi}{\phi^{1/2}} \tag{12.36}$$

となり，式(12.35) の左辺の係数は次のようになる．

$$\frac{\phi}{c\xi^2}\eta = -2\frac{1}{\left(\frac{\xi}{\phi^{1/2}}\right)^2}\eta = -2\frac{1}{4\left(\frac{1}{2}\frac{\xi}{\phi^{1/2}}\right)^2}\eta = -\frac{1}{2\eta} \tag{12.37}$$

式(12.37) を用いれば，式(12.35) は次の微分方程式で表される．

$$-\frac{1}{2\eta}\frac{d^2\theta}{d\eta^2} = \frac{d\theta}{d\eta} \tag{12.38}$$

面倒な微分操作と先達のひらめきと知恵を駆使して，ようやく偏微分方程式

(12.26)が微分方程式(12.38)に変換できた．やれやれ，といいたいところだが，変換された微分方程式はそう簡単に解けるような線形二階微分方程式ではない．さらに何らかの工夫をしないと解けない．

ではどうするかというと，単なる積分によって一般解が得られるような一階微分方程式に，さらに変換するのである．すなわち次のとおりである．

$\dfrac{d\theta}{d\eta} = f(\eta)$ とおくと $\dfrac{d^2\theta}{d\eta^2} = \dfrac{df(\eta)}{d\eta}$ だから，式(12.38)は次式のように変換される．

$$\frac{1}{f(\eta)}\frac{df(\eta)}{d\eta} = -2\eta \tag{12.39}$$

そして，一階微分方程式(12.39)の両辺をηで積分すると，

$$\ln f(\eta) = -\eta^2 + C_1 \text{ より，} f(\eta) = C_2 \exp(-\eta^2) \tag{12.40}$$

となる（ここで，$\exp C_1 = C_2$ とおいた）．

この式(12.40)は $\dfrac{d\theta}{d\eta} = C_2 \exp(-\eta^2)$ のことだから，両辺を $0 \sim \eta$ の範囲で積分すれば，

$$\theta(\eta) = C_2 \int_0^\eta \exp(-\eta^2) d\eta + C_3 \quad (C_2, C_3 \text{ は任意定数}) \tag{12.41}$$

が得られる．

これで偏微分方程式(12.26)の一般解が導けたので，あとは，無次元化された初期条件と境界条件を設定して任意定数 C_2 と C_3 を決めれば，目的とする特殊解にたどり着ける（はずだ）．

第13話

分子の運動と拡散に関係深い
ガウス積分と誤差関数

物質や熱などの拡散による移動が見かけ上一次元で遠くまで及ぶ場合（水深方向の濃度や分厚い壁内の温度など），移動現象を表現する拡散方程式は，第12話で述べた変数結合法で解かれることが多く，特殊解は一般に誤差関数（ガウス（Gauss）の誤差関数）で表される．その誤差関数はガウス積分から導出でき，ガウス積分はまた，気体分子の平均速度や内部エネルギーなどを統計的に導く際にも用いられる．

13.1 ガウス積分と気体分子の運動

指数関数 $\exp(-x^2)$ の無限積分を「ガウス積分」と呼び，次式で表される．

$$\int_0^\infty \exp(-x^2)\,dx = \frac{\sqrt{\pi}}{2} \tag{13.1}$$

ガウス積分は次の手順で求められる．

$$\int_0^\infty \exp(-x^2)\,dx = \left\{\int_0^\infty \exp(-x^2)\,dx \int_0^\infty \exp(-y^2)\,dy\right\}^{1/2}$$

$$= \left\{\int_0^\infty \int_0^\infty \exp(-x^2-y^2)\,dx\,dy\right\}^{1/2} \tag{13.2}$$

式(13.2)の右辺を直交座標から極座標 $(x = r\cos\theta, y = r\sin\theta)$ に変数変換すれば，次の数式操作で式(13.1)が得られる．

$$\int_0^\infty \exp(-x^2)dx = \left\{\int_0^\infty \int_0^{\pi/2} \exp(-r^2) r d\theta dr\right\}^{1/2}$$

$$= \left\{\frac{\pi}{2}\int_0^\infty \exp(-r^2) r dr\right\}^{1/2}$$

$$= \left\{\frac{\pi}{2}\int_0^\infty \exp(-r^2) \frac{dr^2}{2}\right\}^{1/2} = \frac{\sqrt{\pi}}{2}$$

次に示す公式(13.3)〜(13.5)はガウス積分から導かれる．本書では，積分操作については随所で簡単に扱ってきたものの，踏み込んだ説明はしてこなかった．だがしかし，置換積分ならびに部分積分（とそのくり返し操作）を腰を据えて駆使すれば，これらの公式はなんとか求められる（はずだ）．積分の演習として挑んだ記憶がある読者も多いのではなかろうか．

$$\int_0^\infty \exp(-ax^2)dx = \frac{1}{2}\sqrt{\frac{\pi}{a}} \quad (a > 0) \tag{13.3}$$

$$\int_0^\infty \exp(-ax^2)x^n dx = 1\cdot 3\cdot 5\cdots\cdots(n-1)\frac{(\pi a)^{1/2}}{(2a)^{(1/2)n+1}} \quad (n \text{ は偶数}) \tag{13.4}$$

$$= \frac{\{(1/2)(n-1)\}!}{2a^{(1/2)(n+1)}} \quad (n \text{ は奇数}) \tag{13.5}$$

公式(13.3)〜(13.5)の導出は読者に任せることにして，次の演習で積分操作のおさらいをしておこう．

演習 13.1

次の積分を求めてみよう．

(1) $\int \frac{\ln x}{x}dx$ (2) $\int x \ln x dx$ (3) $\int_0^\infty x^3(e^{-x} + e^{-2x})dx$

■ 気体分子があらゆる速度をとる確率は1である

気体分子一個一個が速度 $v[\mathrm{m/s}]$ をとる確率密度関数 $f(v)$ は次式(13.6)で

与えられる（導出過程は統計力学の書籍に委ねる）．これを「マクスウェル (Maxwell) の速度分布」といい，確率統計で学ぶガウスの確率密度関数に似ている．

$$f(v) = 4\pi \left(\frac{m}{2\pi kT}\right)^{3/2} \exp\left\{-\frac{1}{kT}\left(\frac{1}{2}mv^2\right)\right\}v^2 \quad (0 < v < \infty)$$
(13.6)

ここで，$m[\text{kg}]$ は気体分子1個の質量 $(= M/N)$，$k[\text{J/K}]$ はボルツマン (Boltzmann) 定数 $(= R/N)$，$T[\text{K}]$ は温度である．ただし，M は分子量，N はアボガドロ (Avogadro) 数，R は気体定数を示している．

1個の気体分子が速度 v と $v + \mathrm{d}v$ との間にある確率は $f(v)\mathrm{d}v$ で表される．この確率について，次の性質があることを確かめてみよう．

$$\int_0^\infty f(v)\mathrm{d}v = 1$$
(13.7)

いま $m/2kT = a$ とおくならば式(13.6) は，

$$f(v) = 4\pi \left(\frac{a}{\pi}\right)^{3/2} \exp(-av^2)v^2$$
(13.8)

と表されるので，式(13.7) の左辺は次式となる．

$$\int_0^\infty f(v)\mathrm{d}v = 4\pi \left(\frac{a}{\pi}\right)^{3/2} \int_0^\infty \exp(-av^2)v^2 \mathrm{d}v$$
(13.9)

式(13.9) 右辺の積分に公式(13.4) を用いれば，次のように式(13.7) が得られる．

$$\int_0^\infty f(v)\mathrm{d}v = 4\pi \left(\frac{a}{\pi}\right)^{3/2} \frac{1}{4\pi}\left(\frac{\pi}{a}\right)^{3/2} = 1$$
(13.10)

この式は"気体分子があらゆる速度をとる確率は1でなければならない"ことをいっている．このことから逆にたどれば，式(13.10) の $4\pi(a/\pi)^{3/2}$（つまり，マクスウェルの速度分布の係数項）は確率が1になるように定めたもの（規格化定数という）だということがわかる．

演習 13.2
　ガウスの確率密度関数 $f(x)$ は次式で与えられる．

$$f(x) = \frac{1}{\sqrt{2\pi}\sigma} \exp\left\{-\frac{(x-\mu)^2}{2\sigma^2}\right\} \quad (-\infty < x < \infty) \tag{a}$$

ここで，σ^2 と μ はそれぞれ誤差の分散（ばらつき）と平均を示す．

ガウスの確率密度関数について，次式が成り立つことを確かめてみよう．

$$\int_{-\infty}^{\infty} f(x)\mathrm{d}x = 1$$

◼ 空間を飛びまわる気体分子の平均速度を求める

気体分子の二乗平均速度 $\langle v^2 \rangle$ と平均速度 $\langle v \rangle$ は，マクスウェルの速度分布の式(13.6)より，それぞれ次のように表される．

$$\langle v^2 \rangle = \frac{3kT}{m} \tag{13.11}$$

$$\langle v \rangle = \sqrt{\frac{8kT}{\pi m}} \tag{13.12}$$

これらの速度は，確率統計で扱う分布の「分散と平均」の定義に従って，それぞれ次式から求められる．

$$\langle v^2 \rangle = \int_0^\infty v^2 f(v)\mathrm{d}v \tag{13.13}$$

$$\langle v \rangle = \int_0^\infty v f(v)\mathrm{d}v \tag{13.14}$$

では，定義式(13.13)と(13.14)に基づいて，式(13.11)と式(13.12)を導くことにするが，式(13.13)と式(13.14)の積分には，さきに示したガウス積分からの公式を利用することになる．なのでまず，そのための下準備からはじめよう．

前項で用いた変換と同じように $m/2kT = a$ とおくと，確率 $f(v)\mathrm{d}v$ は次式で表される．

$$f(v)\mathrm{d}v = 4\pi\left(\frac{a}{\pi}\right)^{3/2} \exp(-av^2) v^2 \mathrm{d}v \tag{13.15}$$

また $1/kT = b$ とおいて，式(13.6)の中の exp 項を書きかえると次式となる．

$$\exp\left\{-\frac{1}{kT}\left(\frac{1}{2}mv^2\right)\right\} = \exp\left\{-b\left(\frac{1}{2}mv^2\right)\right\} \tag{13.16}$$

そして，この式の右辺を $-b$ で微分すれば，

$$-\frac{d}{db}\exp\left\{-b\left(\frac{1}{2}mv^2\right)\right\} = \left(\frac{1}{2}mv^2\right)\exp\left\{-b\left(\frac{1}{2}mv^2\right)\right\} \tag{13.17}$$

となり，$mb/2 = a$ だから式(13.17)は（右辺と左辺を逆にして）次のように書き直せる．

$$v^2 \exp(-av^2) = -\frac{2}{m}\frac{d}{db}\exp(-av^2) \tag{13.18}$$

これで準備完了．引き続いて気体分子の平均速度を求めることにしよう．

〈二乗平均速度〉

定義式(13.13) に式(13.15) を代入する．

$$\langle v^2 \rangle = \int_0^\infty v^2 4\pi\left(\frac{a}{\pi}\right)^{3/2}\exp(-av^2)v^2 dv$$

$$= 4\pi\left(\frac{a}{\pi}\right)^{3/2}\int_0^\infty v^2 \exp(-av^2)v^2 dv \tag{13.19}$$

式(13.19) の被積分関数の中の $v^2 \exp(-av^2)$ に式(13.18) を代入する．

$$\langle v^2 \rangle = 4\pi\left(\frac{a}{\pi}\right)^{3/2}\int_0^\infty -\frac{2}{m}\frac{d}{db}\exp(-av^2)v^2 dv \tag{13.20}$$

ここで，微分と積分の順序を交換する（一般に微分と積分の順序交換は許されないが，この場合は差し支えない．その証明は数学書に任せる）．

$$\langle v^2 \rangle = -\frac{8\pi}{m}\left(\frac{a}{\pi}\right)^{3/2}\frac{d}{db}\int_0^\infty \exp(-av^2)v^2 dv \tag{13.21}$$

式(13.21) の積分項に公式(13.4) を適用するとともに，微分の書き方も変える．

$$\langle v^2 \rangle = -\frac{8\pi}{m}\left(\frac{a}{\pi}\right)^{3/2}\frac{da}{db}\frac{d}{da}\left\{\frac{1}{4\pi}\left(\frac{\pi}{a}\right)^{3/2}\right\} \tag{13.22}$$

ここで，$a = mb/2$ だから $da/db = m/2$ となるので，これを式(13.22) に代入してさらに微分を実行すると，

$$\langle v^2 \rangle = \frac{3}{2a} \tag{13.23}$$

となり，a を $m/2kT$ に戻せば式(13.11)が得られる．

〈平均速度〉

定義式(13.14)に式(13.15)を代入して，二乗平均速度の場合と同様の変形を行う．

$$\begin{aligned}\langle v \rangle &= \int_0^\infty v 4\pi \left(\frac{a}{\pi}\right)^{3/2} \exp(-av^2) v^2 dv \\ &= 4\pi \left(\frac{a}{\pi}\right)^{3/2} \int_0^\infty v \exp(-av^2) v^2 dv \\ &= -\frac{8\pi}{m} \left(\frac{a}{\pi}\right)^{3/2} \frac{d}{db} \int_0^\infty \exp(-av^2) v dv \end{aligned} \tag{13.24}$$

式(13.24)の積分項に公式(13.5)を適用し，二乗平均速度のときと同じような数学操作をすれば，

$$\langle v \rangle = -\frac{8\pi}{m} \left(\frac{a}{\pi}\right)^{3/2} \frac{d}{db}\left(\frac{1}{2a}\right) = \frac{2}{\sqrt{\pi a}} \tag{13.25}$$

となり，a を $m/2kT$ に戻せば式(13.12)が得られる．

ではここで，式(13.12)に従って，窒素（分子量28）の25℃における平均速度 $\langle v \rangle$ を計算してみよう（ただし，アボガドロ数 $N = 6.02 \times 10^{23}$/mol，ボルツマン定数 $k = 1.38 \times 10^{-23}$ J/K）．

$$\langle v \rangle = \sqrt{\frac{(8)(1.38 \times 10^{-23})(273.2 + 25)}{(3.14)(28 \times 10^{-3})/(6.02 \times 10^{23})}} \fallingdotseq 475 [\text{m/s}]$$

気体（窒素）の速度は，音速よりはるかに速いことがわかる．

■ 理想気体の内部エネルギーは温度に比例する

熱力学でいう内部エネルギーとは"物質を構成する分子や原子自身が持っているエネルギー"のことであり，物質が理想気体だとすれば，分子どうしの間には引力や反発力が働かず，化学エネルギーや核エネルギーもない．なので，理想気体の内部エネルギーは"分子の運動エネルギーの総和"と定義される．

さて，N（アボガドロ数）個の分子のうちで，速度が v と $v + \mathrm{d}v$ との間に存在する分子の数を $n(v)\mathrm{d}v$ とすると，$n(v)\mathrm{d}v$ は次のように表される．

$$n(v)\mathrm{d}v = N \text{個} \times [1\text{個の分子が速度}\,v\,\text{と}\,v+\mathrm{d}v\,\text{との間にある確率}]$$
$$= N \times f(v)\mathrm{d}v \tag{13.26}$$

ここで，$f(v)$ はマクスウェルの速度分布である．

理想気体の内部エネルギー $U[\mathrm{J/mol}]$ は，分子の運動エネルギーの総和だから（総和は積分でおきかえることができて），分子1個の質量を m とすれば次式で表される．

$$U = \int_0^\infty \frac{1}{2}\{m \times n(v)\mathrm{d}v\}v^2 = N\int_0^\infty \left(\frac{1}{2}mv^2\right)f(v)\mathrm{d}v \tag{13.27}$$

式(13.27)から，次式(13.28)の関係（理想気体の内部エネルギーは温度 T に比例する）が得られる．

$$U = \frac{3}{2}RT \quad (R\,\text{は気体定数}) \tag{13.28}$$

では，式(13.28)を導くことにするが，その手順はさきに示した気体分子の二乗平均速度の場合と同じなので，式の変形操作の詳細は省略しよう．

式(13.27)に式(13.15)と式(13.18)を代入すると次式が得られる．

$$U = N\int_0^\infty \left(\frac{1}{2}mv^2\right)4\pi\left(\frac{a}{\pi}\right)^{3/2}\exp(-av^2)v^2\mathrm{d}v$$
$$= -4\pi N\left(\frac{a}{\pi}\right)^{3/2}\frac{\mathrm{d}}{\mathrm{d}b}\int_0^\infty \exp(-av^2)v^2\mathrm{d}v \tag{13.29}$$

式(13.29)の積分項に公式(13.4)を適用して微分を実行すると，

$$U = -4\pi N\left(\frac{a}{\pi}\right)^{3/2}\frac{\mathrm{d}}{\mathrm{d}b}\left\{\frac{1}{4\pi}\left(\frac{\pi}{a}\right)^{3/2}\right\} = N\frac{m}{2}\frac{3}{2a}$$
$$= \frac{3mN}{4a} \tag{13.30}$$

となるので，a を $m/2kT$ に戻し，さらに $Nk = R$ とすれば式(13.28)が得られる．

13.2 誤差関数と物質の拡散

ガウス積分の式(13.1)を，$\dfrac{2}{\sqrt{\pi}} \int_0^\infty \exp(-x^2) dx = 1$ と変形して積分範囲を分割すると，

$$\dfrac{2}{\sqrt{\pi}} \int_0^\infty \exp(-x^2) dx$$

$$= \dfrac{2}{\sqrt{\pi}} \int_0^x \exp(-x^2) dx + \dfrac{2}{\sqrt{\pi}} \int_x^\infty \exp(-x^2) dx = 1 \quad (13.31)$$

となる．

ここで，等式(13.31)の右辺第1項を「誤差関数 erf(x)」，第2項を「余誤差関数（相補誤差関数）erfc(x)」と呼んでいる．

$$\text{erf}(x) = \dfrac{2}{\sqrt{\pi}} \int_0^x \exp(-x^2) dx \quad (13.32)$$

$$\text{erfc}(x) = 1 - \text{erf}(x) = \dfrac{2}{\sqrt{\pi}} \int_x^\infty \exp(-x^2) dx \quad (13.33)$$

ところで，指数関数 $\exp(-x^2)$ のマクローリン展開（第7話で述べた）は次式で表される．

$$\exp(-x^2) = 1 - \dfrac{x^2}{1!} + \dfrac{x^4}{2!} - \dfrac{x^6}{3!} + \cdots\cdots \quad (13.34)$$

式(13.34)を $0 \sim x$ の範囲で積分（右辺は項別に積分）すると，

$$\int_0^x \exp(-x^2) dx = x - \dfrac{x^3}{1! \cdot 3} + \dfrac{x^5}{2! \cdot 5} - \dfrac{x^7}{3! \cdot 7} + \cdots\cdots$$

となるので，誤差関数は次の級数展開式で与えることができる（図13.1）．

$$\text{erf}(x) = \dfrac{2}{\sqrt{\pi}} \left(x - \dfrac{x^3}{1! \cdot 3} + \dfrac{x^5}{2! \cdot 5} - \dfrac{x^7}{3! \cdot 7} + \cdots\cdots \right) \quad (13.35)$$

演習 13.3

ガウスの確率密度関数 $f(x)$（演習13.2の式(a)）において，$x - \mu = z$ と変数変換

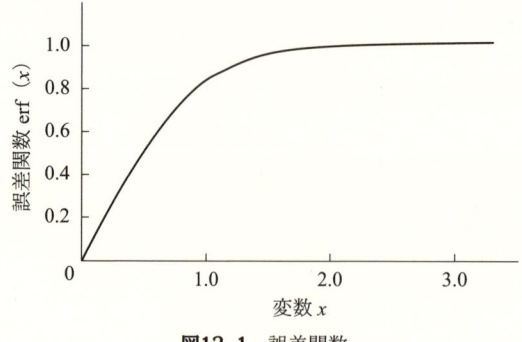

図13.1 誤差関数

し，さらに $1/\sqrt{2}\sigma = h$ と定数変換すれば，次の標準化されたガウスの確率密度関数 $f(z)$ が得られる．

$$f(z) = \frac{h}{\sqrt{\pi}} \exp(-h^2 z^2) \quad (-\infty < z < \infty)$$

さて，誤差が $-z \sim +z$ の間に生じる確率を $P(z)$ とすれば，$P(z)$ は標準化されたガウスの確率密度関数 $f(z)$ を用いて次式で表すことができる．

$$P(z) = \int_{-z}^{z} f(z) \mathrm{d}z$$

この確率 $P(z)$ が誤差関数 $\mathrm{erf}(x)$ になることを確かめてみよう．

■ 半無限領域を物質が拡散で移動する

流れのない無限の深さを持つ領域（半無限領域）が，ある物質の濃度 C_1 [mol/m^3] に保たれている．この半無限領域の表面が時間をカウントし始めた瞬間（t[s] > 0）に，別の濃度 C_0（ただし，$C_0 > C_1$ とする）の雰囲気に接し，領域表面の濃度はそのまま C_0 になっているとする．

そのような状況のとき，半無限領域の深さ z[m] 方向の物質濃度 C [mol/m^3] は時間とともにどのように変化するのか，それをこれから解析してみよう（この事例は，化学工学関係の多くの書籍で取り上げられているけれども……）．

ここで考えられる初期条件と境界条件は次のとおりである．

初期条件(a1)：$t = 0$ のとき $C = C_1$

境界条件(b1)：$z = 0 (t > 0)$ のとき $C = C_0$

境界条件(c1)：$z = \infty (t > 0)$ のとき $C = C_1$

そして，この状況を解析するのに適用すべき物質移動を表す式は，いうまでもなく一次元拡散方程式であり，一般性（他への応用）を考えるなら，第12話で示した次の無次元化された偏微分方程式がふさわしい．

$$\frac{\partial^2 \theta}{\partial \xi^2} = \frac{\partial \theta}{\partial \phi} \tag{13.36}$$

ここで，θ, ξ, ϕ はそれぞれ，変数変換された無次元濃度，無次元距離，無次元時間である．

$$\theta = \frac{C - C_1}{C_0 - C_1}, \ \xi = \frac{z}{L}, \ \phi = \frac{Dt}{L^2}$$

($D[\mathrm{m^2/s}]$ は拡散係数，$L[\mathrm{m}]$ は基準となる距離)

無次元化された偏微分方程式(13.36)を用いるとなると，上に示した初期条件と境界条件も次のように無次元化しなければならない．

初期条件(a2)：$\phi = 0$ のとき $\theta = 0$

境界条件(b2)：$\xi = 0 (\phi > 0)$ のとき $\theta = 1$

境界条件(c2)：$\xi = \infty (\phi > 0)$ のとき $\theta = 0$

さて，偏微分方程式(13.36)の一般解は，変数結合法を採用するならば，何ら思い悩むことなく次式とすればよい（第12話の後半を思い出していただこう）．

$$\theta(\eta) = A \int_0^\eta \exp(-\eta^2) \mathrm{d}\eta + B \quad (A, B \text{ は任意定数}) \tag{13.37}$$

ただし，η は変数 ξ と ϕ を組み合わせた無次元独立変数

$$\eta = \frac{\xi}{2\sqrt{\phi}} \tag{13.38}$$

であり，この変数 η を用いることで，無次元化された初期条件と境界条件もさらに次のように変換される．

境界条件(b3)：$\eta = 0$ のとき $\theta = 1$

境界条件(c3): $\eta = \infty$ のとき $\theta = 0$ (初期条件(a2) はここに含まれる)

任意定数 A と B は，この二つの境界条件を式(13.37) に適用して求めることになる．まず境界条件(b3) を使うと，式(13.37) の定積分は 0 となるので $B = 1$ と決まり，次に残りの境界条件(c3) を使えば，定積分の上端が ∞ となって A が次のように決まる．

$$A = -\frac{1}{\int_0^\infty \exp(-\eta^2)\,d\eta} \tag{13.39}$$

式(13.39) の右辺分母の無限積分はガウス積分だから，その値は $\sqrt{\pi}/2$ である．

したがって $A = -2/\sqrt{\pi}$ となり，この A と $B = 1$ を式(13.37) に代入すれば特殊解

$$\theta(\eta) = 1 - \frac{2}{\sqrt{\pi}} \int_0^\eta \exp(-\eta^2)\,d\eta \tag{13.40}$$

が得られる．

式(13.40) の右辺第 2 項は誤差関数 $\mathrm{erf}(\eta)$ (右辺全体は余誤差関数) だから，次式のように書くこともできる．

$$\theta = 1 - \mathrm{erf}(\eta)$$

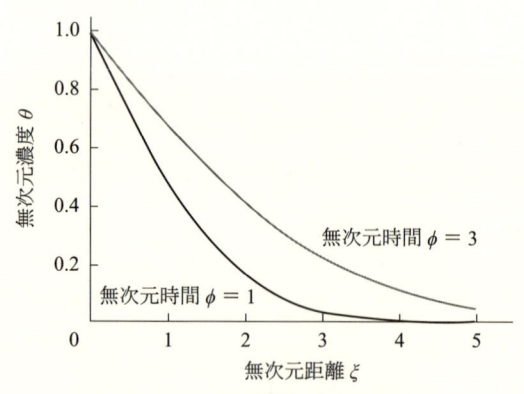

図13.2 半無限領域への物質移動

$$= 1 - \mathrm{erf}\left(\frac{\xi}{2\sqrt{\phi}}\right) \tag{13.41}$$

ついでに，誤差関数の級数展開式(13.35)を用いて計算した，無次元濃度 θ の値（の一部）を示しておこう（図13.2）．

第12話でも同じようなことを述べたが，式(13.41)は物質量のみならず熱量や運動量についても，拡散による移動方向が一次元（1方向）の半無限領域であれば一様に成り立つ．

したがって物理量の度合い（濃度か温度か速度か）を明らかにし，必要な物性値（拡散係数，熱拡散係数，動粘度）を見積もることができれば，物理量が何であっても，式(13.41)を利用して次元（いいかえれば単位）を持った具体的な数値に容易に変換できる．

第14話

拡散 や 振動 現象を表すキーとなる
フーリエ級数

　物質や熱などの拡散による移動が，第13話の後半に例示したような半無限領域ではなくて，ある領域内に限られている場合（平板内の温度や角柱内の温度など）は，移動現象を表す一次元拡散方程式やラプラス方程式は変数分離法で解かれ，一般解として三角関数を含むとびとびの無数の解（離散解）が出てくる．その無数の解を，重ね合わせの原理を適用して一つの解にまとめると級数で表される．そのため，拡散方程式やラプラス方程式および波動方程式（次の第15話で述べる）の特殊解はフーリエ級数を利用したり，三角関数の性質を使って求めることになる．

14.1　重ね合わせの原理

　次の偏微分方程式（線形偏微分方程式）の解が，たとえば θ_1 と θ_2 の二つあったとしよう．

$$\frac{\partial^2 \theta}{\partial \xi^2} = \frac{\partial \theta}{\partial \phi} \tag{14.1}$$

そのとき，二つの解の和 $\theta_n = \theta_1 + \theta_2$ もまた，偏微分方程式 (14.1) の解になる（解が多数個あればそれらの和も解になる）．なぜかといえば次のとおりで

ある．

$$\frac{\partial^2 \theta_n}{\partial \xi^2} - \frac{\partial \theta_n}{\partial \phi} = \frac{\partial^2}{\partial \xi^2}(\theta_1 + \theta_2) - \frac{\partial}{\partial \phi}(\theta_1 + \theta_2)$$

$$= \left(\frac{\partial^2 \theta_1}{\partial \xi^2} - \frac{\partial \theta_1}{\partial \phi}\right) + \left(\frac{\partial^2 \theta_2}{\partial \xi^2} - \frac{\partial \theta_2}{\partial \phi}\right) = 0 + 0 = 0$$

したがって，二つの解 θ_1 と θ_2 の和 θ_n も式(14.1)を満たす．このような偏微分方程式の解の性質を「重ね合わせの原理」という．

14.2　周期 2π の関数のフーリエ級数

n を自然数 $(1, 2, \cdots\cdots)$ とするとき，三角関数 $\cos nx$, $\sin nx$ はいずれも周期 2π の関数である．このような周期 2π の関数を $f(x)$ とおくならば，任意の実数 x について，$f(x + 2\pi) = f(x)$ が成り立つ．

さらにまた，これら三角関数の級数（三角級数という）で，次のように表される関数

$$f(x) = \frac{a_0}{2} + \sum_{n=1}^{\infty}(a_n \cos nx + b_n \sin nx) \tag{14.2}$$

の周期もやはり 2π であり，この三角級数のことを周期 2π の関数 $f(x)$ の「フーリエ級数」という．

ここで，係数 a_n, b_n（ただし，$n = 0, 1, 2, \cdots\cdots$）を $f(x)$ の「フーリエ係数」と呼び，それぞれ次式で与えられる．

$$a_n = \frac{1}{\pi}\int_{-\pi}^{\pi} f(x)\cos nx\, dx, \quad b_n = \frac{1}{\pi}\int_{-\pi}^{\pi} f(x)\sin nx\, dx \tag{14.3}$$

フーリエ係数 a_n（a_0 も含む）と b_n は，級数式(14.2)で表される関数 $f(x)$，および $f(x)\cos mx$ と $f(x)\sin mx$（ただし，m は自然数）がいずれも区間 $[-\pi, \pi]$ で項別に積分できるとして導かれる（詳しい内容は応用数学の書籍に譲る）．そしてその際，三角関数の「積を和・差に直す公式」と「半角の公式」から得られる次の定積分が利用される（これらの式の証明は読者に任せよう）．

$$\int_{-\pi}^{\pi} \sin mx \cos nx\, dx = 0 \tag{14.4}$$

$$\int_{-\pi}^{\pi} \sin mx \sin nx \, dx = \int_{-\pi}^{\pi} \cos mx \cos nx \, dx$$

$$= \begin{cases} 0 & (m \neq n \text{ のとき}) \quad (14.5) \\ \pi & (m = n \text{ のとき}) \quad (14.6) \end{cases}$$

さて，$f(x)$ が偶関数（$y = x^2$ のような y 軸に対称な関数）ならば，係数 a_n，b_n を与える被積分関数はそれぞれ偶関数，奇関数（$y = x$ のような原点に関して対称な関数）になるから，フーリエ係数とフーリエ級数は次のようになる．

$$a_n = \frac{2}{\pi} \int_0^{\pi} f(x) \cos nx \, dx, \quad b_n = 0 \tag{14.7}$$

$$f(x) = \frac{a_0}{2} + \sum_{n=1}^{\infty} a_n \cos nx \tag{14.8}$$

このフーリエ級数を「フーリエ余弦級数」という．

また，$f(x)$ が奇関数ならば，a_n，b_n を与える被積分関数はそれぞれ奇関数，偶関数になるから，フーリエ係数とフーリエ級数は次のようになる．

$$a_n = 0, \quad b_n = \frac{2}{\pi} \int_0^{\pi} f(x) \sin nx \, dx \tag{14.9}$$

$$f(x) = \sum_{n=1}^{\infty} b_n \sin nx \tag{14.10}$$

このフーリエ級数を「フーリエ正弦級数」という．

演習 14.1

次のような周期 2π の関数 $f(x)$ がある．

$$f(x) = |x| \quad (-\pi \leq x \leq \pi), \quad f(x + 2\pi) = f(x)$$

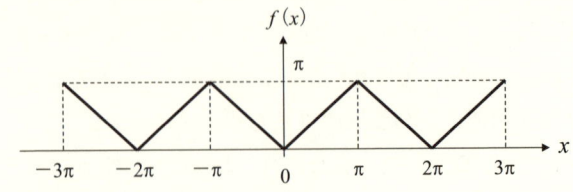

(1) この関数のフーリエ級数は，次式で表されることを確かめてみよう．

$$f(x) = \frac{\pi}{2} - \frac{2}{\pi} \sum_{n=1}^{\infty} \frac{1-(-1)^n}{n^2} \cos nx$$

(2) この関数のフーリエ級数を用いて，次の公式を証明してみよう．

$$\frac{1}{1^2} + \frac{1}{3^2} + \frac{1}{5^2} + \cdots = \frac{\pi^2}{8}$$

14.3 一般の周期関数のフーリエ級数

$f(x)$ が周期 $2l$（l は正の数）の関数で，任意の実数 x について，等式 $f(x+2l) = f(x)$ が成り立つとする．

このとき，$f(x)$ と $x = \frac{l}{\pi} t$ の合成関数を $F(t) = f\left(\frac{l}{\pi} t\right)$ とおくと，

$$F(t + 2\pi) = f\left\{\frac{l}{\pi}(t + 2\pi)\right\} = f\left(\frac{l}{\pi}t + 2l\right) = f\left(\frac{l}{\pi}t\right) = F(t)$$

となるので，$F(t)$ は周期 2π の関数である．

したがって，関数 $F(t)$ のフーリエ級数

$$F(t) = \frac{a_0}{2} + \sum_{n=1}^{\infty} (a_n \cos nt + b_n \sin nt)$$

に $t = \frac{\pi}{l} x$ を代入すると，$F(t) = f\left(\frac{l}{\pi} t\right) = f(x)$ の関係があるので次式が得られる．

$$f(x) = \frac{a_0}{2} + \sum_{n=1}^{\infty} \left(a_n \cos \frac{n\pi x}{l} + b_n \sin \frac{n\pi x}{l}\right) \tag{14.11}$$

またフーリエ係数 a_n は，

$$a_n = \frac{1}{\pi} \int_{-\pi}^{\pi} F(t) \cos nt \, dt = \frac{1}{\pi} \frac{\pi}{l} \int_{-l}^{l} f(x) \cos \frac{n\pi x}{l} dx$$

と表されるから，係数 a_n は（係数 b_n も同様にして）次式で与えられる．

$$a_n = \frac{1}{l} \int_{-l}^{l} f(x) \cos \frac{n\pi x}{l} dx, \quad b_n = \frac{1}{l} \int_{-l}^{l} f(x) \sin \frac{n\pi x}{l} dx \tag{14.12}$$

ということなので，式 (14.11) を周期 $2l$ の関数（一般の周期関数）$f(x)$ の「フーリエ級数」，式 (14.12) を周期 $2l$ の関数 $f(x)$ の「フーリエ係数」という．

そして，その $f(x)$ が偶関数のときのフーリエ係数とフーリエ級数は，

$$a_n = \frac{2}{l}\int_0^l f(x)\cos\frac{n\pi x}{l}\mathrm{d}x, \ \ b_n = 0 \tag{14.13}$$

$$f(x) = \frac{a_0}{2} + \sum_{n=1}^{\infty} a_n \cos\frac{n\pi x}{l} \tag{14.14}$$

となり，式(14.14)を一般の周期関数 $f(x)$ の「フーリエ余弦級数」という．
また，$f(x)$ が奇関数のときのフーリエ係数とフーリエ級数は，

$$a_n = 0, \ \ b_n = \frac{2}{l}\int_0^l f(x)\sin\frac{n\pi x}{l}\mathrm{d}x \tag{14.15}$$

$$f(x) = \sum_{n=1}^{\infty} b_n \sin\frac{n\pi x}{l} \tag{14.16}$$

となり，式(14.16)を一般の周期関数 $f(x)$ の「フーリエ正弦級数」という．
なお，式(14.5)と式(14.6)に対応する定積分として，次の関係が得られることを付け加えておこう．

$$\int_0^l \sin\frac{m\pi x}{l}\sin\frac{n\pi x}{l}\mathrm{d}x = \begin{cases} 0 & (m \neq n \text{ のとき}) \\ \dfrac{l}{2} & (m = n \text{ のとき}) \end{cases} \begin{matrix}(14.17)\\(14.18)\end{matrix}$$

演習 14.2

次式に示すような周期 4 の関数 $f(x)$ ($f(x+2\times 2) = f(x)$) がある．

$$f(x) = \begin{cases} -2-x & (-2 \leqq x < -1) \\ x & (-1 \leqq x < 1) \\ 2-x & (1 \leqq x < 2) \end{cases}$$

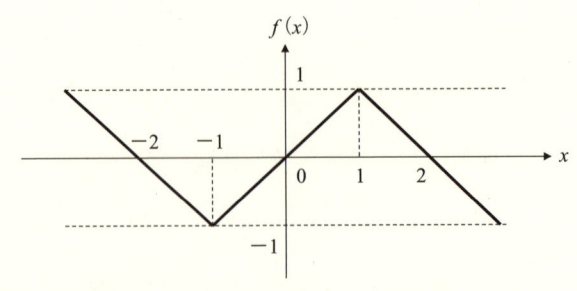

この関数のフーリエ級数は，次式で表されることを確かめてみよう．

$$f(x) = \frac{8}{\pi^2} \sum_{n=1}^{\infty} \frac{1}{n^2} \sin \frac{n\pi}{2} \sin \frac{n\pi x}{2}$$

■ 両面温度が急変したときの平板内温度変化を表すには

厚さ $L[\mathrm{m}]$ の非常に広い平板がある．最初，この平板全体が温度 $T_0[\mathrm{K}]$ になっていたのが，急に両表面の温度が $T_1[\mathrm{K}]$ になり，その後ずっと T_1 に保たれたままだとする．

このような状態にある平板内部の温度を考察すると，時間 $t[\mathrm{s}] = 0$ のときには，平板の厚さ方向の任意の位置 $z[\mathrm{m}]$ における温度 $T[\mathrm{K}]$ は一定の値 T_0 に等しく，無限の時間が経過して $t = \infty$ になれば，一様な温度 T_1 になることは明白である．ということで，時間の始めと無限の時間経過後の平板温度 T は位置 z に関係なく次の初期条件が満たされる．

初期条件(a1)：$t = 0$ のとき $T = T_0$

初期条件(b1)：$t = \infty$ のとき $T = T_1$

また，平板両表面の温度が急に T_1 になって，そのまま T_1 に保たれているから，その温度は時間 t に関係なく次の境界条件が満たされる．

境界条件(c1)：$z = 0 (t > 0)$ のとき $T = T_1$

境界条件(d1)：$z = L (t > 0)$ のとき $T = T_1$

このような条件のときに，平板内部の温度 T は時間 t とともにどんな変化をするのか，次の無次元化された一次元拡散方程式を解いて明らかにしよう．

$$\frac{\partial^2 \theta}{\partial \xi^2} = \frac{\partial \theta}{\partial \phi} \tag{14.19}$$

ここで，θ, ξ, ϕ はそれぞれ，変数変換された無次元温度，無次元距離（厚さ方向の位置），無次元時間である．

$$\theta = \frac{T - T_1}{T_0 - T_1}, \quad \xi = \frac{z}{L}, \quad \phi = \frac{\alpha t}{L^2} \quad (\alpha[\mathrm{m}^2/\mathrm{s}] \text{ は熱拡散係数})$$

これらの無次元量を用いると，上に示した初期条件と境界条件も次のように無次元化される．

初期条件(a2)：$\phi = 0$ のとき $\theta = 1$
初期条件(b2)：$\phi = \infty$ のとき $\theta = 0$
境界条件(c2)：$\xi = 0 (\phi > 0)$ のとき $\theta = 0$
境界条件(d2)：$\xi = 1 (\phi > 0)$ のとき $\theta = 0$

では，第12話を思い返しながら，変数分離法を用いて偏微分方程式(14.19)の一般解を求める作業に入ることにしよう．

$\theta(\xi, \phi) = f(\xi)g(\phi)$ とおけば，偏微分方程式(14.19)は次の二つの微分方程式で表される（ただし，K は定数）．

$$\frac{1}{g(\phi)}\frac{dg(\phi)}{d\phi} = K \tag{14.20}$$

$$\frac{1}{f(\xi)}\frac{d^2 f(\xi)}{d\xi^2} = K \tag{14.21}$$

ここで，キーポイントの一つである定数 K の正負は，次のような判定で明らかにできる．すなわち，変数分離形微分方程式(14.20)の一般解は，

$$g(\phi) = C_1 \exp(K\phi) \quad (C_1 \text{は任意定数}) \tag{14.22}$$

と与えられるが，初期条件(b2)に着目すれば"$\phi = \infty$ のとき $g(\phi) = 0$"ということだから，一般解(14.22)がこの条件を満たすためには「$K < 0$」でなければならないことになる．

なので，$K = -\lambda^2$（λ は実数）とおくことにすると，式(14.22)は次のように書きかえられる．

$$g(\phi) = C_1 \exp(-\lambda^2 \phi) \tag{14.23}$$

この実数 λ を用いると，定数係数斉次線形二階微分方程式(14.21)の一般解は，第9話の前半の内容から明らかなように次式で与えられる．

$$f(\xi) = C_2 \sin \lambda\xi + C_3 \cos \lambda\xi \quad (C_2, C_3 \text{は任意定数}) \tag{14.24}$$

したがって，偏微分方程式(14.19)の一般解は次式として求まる．

$$\theta(\xi, \phi) = C_1 \exp(-\lambda^2 \phi)(C_2 \sin \lambda\xi + C_3 \cos \lambda\xi) \tag{14.25}$$

だがこのままの形では任意定数が三つもあり，しかも値のはっきりしない実数 λ も含まれているので，最終の成果（つまり特殊解）にたどり着くのは難し

い．そこで設定した境界条件を使って，一般解(14.25)をもう少し整理することにしよう．

境界条件(c2)に着目するならば"$\xi = 0$のとき$f(\xi) = 0$"ということだから，式(14.24)より，

$$f(0) = C_2 \sin 0 + C_3 \cos 0 = 0$$

となるので，$C_3 = 0$でなければならない．したがって式(14.24)は，

$$f(\xi) = C_2 \sin \lambda \xi$$

と表すことができ，これを式(14.25)に代入すれば$\theta(\xi, \phi)$は次式となる．

$$\theta(\xi, \phi) = A_n (\sin \lambda \xi) \exp(-\lambda^2 \phi)$$
$$(\text{任意定数を}C_1 C_2 = A_n \text{とおいた}) \tag{14.26}$$

ここで，式(14.26)に境界条件(d2)を適用すると，

$$0 = A_n (\sin \lambda) \exp(-\lambda^2 \phi)$$

となるから，この式を満足するためには$\sin \lambda = 0$より$\lambda = n\pi$（nは0および整数）となって，このλを式(14.26)に代入すれば次式が得られる．

$$\theta(\xi, \phi) = A_n (\sin n\pi \xi) \exp\{-(n\pi)^2 \phi\} \tag{14.27}$$

式(14.27)は式(14.25)を整理して得られた一般解であるが，nは0および整数だから，見てのとおり解$\theta(\xi, \phi)$は無数にある（ということは，任意定数も無数にあることになるので，A_nとおいたのである）．なので，無数の解を一つの解としてまとめて表すには「重ね合わせの原理」を適用することになる．ただし，nと$-n$に対する解は"形がまったく同じだから同じもの"と考え（いいかえれば，任意定数を同じにすると負の整数と正の整数の解の和は0になってしまうので），さらに$n = 0$では$\sin$の項が0となって消えてしまうので除くと，偏微分方程式(14.19)の「一つにまとめた一般解」は次の級数になる．

$$\theta(\xi, \phi) = \sum_{n=1}^{\infty} A_n (\sin n\pi \xi) \exp\{-(n\pi)^2 \phi\} \tag{14.28}$$

■ 平板内温度変化を表す式を求める

一つにまとめた一般解が級数式(14.28)として導けたので，あとは使わずに

残っている初期条件から任意定数 A_n を決めれば，目的の特殊解が得られる．

そこで，最後まで残った初期条件(a2) を式(14.28) に適用すると，

$$\sum_{n=1}^{\infty} A_n (\sin n\pi\xi) = 1 \tag{14.29}$$

となり，いよいよ「フーリエ級数」の出番がやってきた．

なぜかといえば，式(14.29) は不思議な関係式（左辺は無限級数とはいえ変数 ξ の関数であるが，それが ξ の値に関係なく 1 になる）だが，この関係はまさに"1"という定数関数を「フーリエ正弦級数」（つまり式(14.16)）に展開したものだからである．

とするならば，A_n はその係数（つまり式(14.15)）だから次式で表せる．

$$A_n = \frac{2}{1} \int_0^1 1 \cdot \sin n\pi\xi \, d\xi = \frac{2}{n\pi}(1 - \cos n\pi)$$

$$= \frac{2}{n\pi}\{1 - (-1)^n\} \tag{14.30}$$

この A_n を式(14.28) に代入すれば，目的とする特殊解（両面温度が急変したときの平板内温度変化を表す式）が次の級数関数として得られる．

$$\theta(\xi, \phi) = \frac{2}{\pi} \sum_{n=1}^{\infty} \frac{1-(-1)^n}{n} (\sin n\pi\xi) \exp\{-(n\pi)^2 \phi\} \tag{14.31}$$

なお，級数式(14.31) で表される無次元温度 θ の値の変化は，Excel を駆使した数値計算によれば図14.1 に示すような結果になる．

ところで以上では，任意定数 A_n を決めるのにフーリエ級数を利用したが，

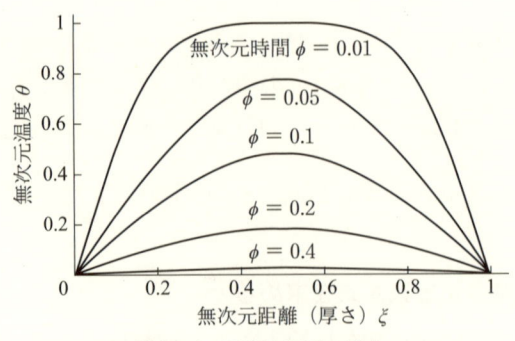

図14.1 平板内温度の変化

フーリエ級数にまで立ち入らないで，三角関数の性質だけを使う方法もある．
それは，等式(14.29)の両辺に $\sin m\pi\xi$ をかけ，積分を実行する際に左辺の積分と総和の順序を入れかえて，$\xi = 0 \sim 1$ の範囲で積分する方法である．

$$\sum_{n=1}^{\infty} A_n \int_0^1 (\sin m\pi\xi)(\sin n\pi\xi)\mathrm{d}\xi = \int_0^1 \sin m\pi\xi \mathrm{d}\xi \quad (14.32)$$

式(14.32)の右辺の定積分は次のように与えられる．

$$\int_0^1 \sin m\pi\xi \mathrm{d}\xi = \frac{1}{m\pi}(1 - \cos m\pi)$$

$$= \frac{1}{m\pi}\{1 - (-1)^m\} \quad (14.33)$$

一方，式(14.32)の左辺の定積分は，さきに示した式(14.17)と式(14.18)より，$m \neq n$ の項はすべて消えて $m = n$ の項だけが残り，その値は1/2となる．
したがって式(14.32)は，

$$A_m \frac{1}{2} = \frac{1}{m\pi}\{1 - (-1)^m\}$$

と表されるので，m を n に書きかえれば任意定数 A_n は式(14.30)となる．
特殊解を求める（すなわち任意定数 A_n を特定する）方法として，どちらが扱いやすくてわかりやすいだろうか．

■ 切り餅をオーブントースターで焼く

級数式(14.31)は，「両面温度が急変したときの平板内温度変化を表す式」として導いたが，同様の初期条件と境界条件が設定できるような，平たい物材の温度変化ならば，どんな物材にもこの級数式が適用できる．

そこで，硬い切り餅をオーブントースターで焼いて食べ頃になるまでの時間を，式(14.31)を用いて計算してみることにしよう．ただし，切り餅は加熱されても膨らんだり物性が変わったりしないものとする．

冷蔵庫から取り出した表面積が大きく分厚い切り餅（温度 $T_0 = 4$℃）を前もって熱してあるオーブントースター（温度 $T_1 = 200$℃）に入れたとき，餅の中心面（厚み方向の真ん中の面）の温度変化は，図14.2のようになることが式(14.31)より計算される（図14.1を用いて描くこともできる）．

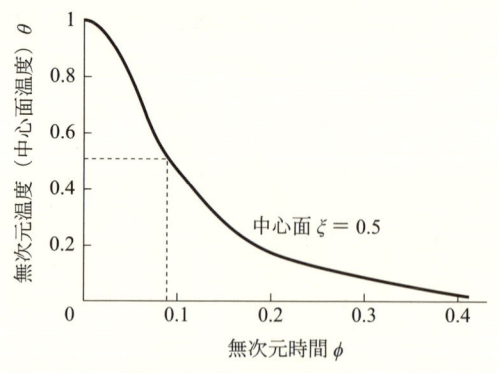

図14.2 中心面温度の変化

餅をおいしく食べるには，餅の中心面（$\xi = 0.5$）が100℃になるまで熱する必要があるとするならば，そのときの無次元温度（中心面温度）θ は，

$$\theta = \frac{100 - 200}{4 - 200} = 0.51$$

となる．

そして，$\xi = 0.5$ で $\theta = 0.51$ を与える無次元時間 ϕ は，図14.2から $\phi = 0.08$ と読みとることができる．

いま，切り餅の厚さを $L = 0.02\,\text{m}$，餅の熱拡散係数を $\alpha = 8.3 \times 10^{-8}\,\text{m}^2/\text{s}$（根拠はないが，ゴムの熱拡散係数で代用する）とすれば，餅が焼ける（中心面が100℃に達する）までの時間 $t[\text{s}]$ は次のように求められる．

$$t = \frac{L^2 \phi}{\alpha} = \frac{(0.02)^2 (0.08)}{8.3 \times 10^{-8}} = 390[\text{s}] \fallingdotseq 6.5[\text{min}]$$

熱拡散係数の値の評価と温度設定により，餅が焼けるまでの時間は大きく変わるけれども，6分半は「まあまあ」だろう．

演習 14.3

次の偏微分方程式（熱伝導方程式に代表される一次元拡散方程式）がある．

$$\frac{\partial^2 u}{\partial x^2} = \frac{\partial u}{\partial t} \quad (0 \leq x \leq 2,\ t \geq 0)$$

次に示す条件，

初期条件：$u(x,0) = x \quad (0 \leq x < 1), \quad u(x,0) = 2-x \quad (1 \leq x \leq 2)$

境界条件：$u(0,t) = u(2,t) = 0 \quad (ただし，t > 0)$

を満たす解 $u(x,t)$ として，次式が導けることを確かめてみよう．

$$u(x,t) = \frac{8}{\pi^2} \sum_{n=1}^{\infty} \frac{1}{n^2} \sin \frac{n\pi}{2} \sin \frac{n\pi x}{2} \exp\left\{-\left(\frac{n\pi}{2}\right)^2 t\right\}$$

なお，ラプラス方程式については触れなかったが，その解き方の手順は，ここで扱った一次元拡散方程式の場合と同じである．ただ違うのは，変数分離法を用いて解いていく過程で現れる二つの微分方程式が，ともに定数係数斉次線形二階微分方程式になるという点であり，これは第 15 話で述べる一次元波動方程式を変数分離法で解くケースと非常によく似ている．

第15話

フーリエ変換は波動方程式などを解く有力な手段

ここでのメインテーマは波動方程式の一般的な数学解である．もう少し具体的にいえば，第12話で導いた次の一次元波動方程式

$$c^2 \frac{\partial^2 u}{\partial x^2} = \frac{\partial^2 u}{\partial t^2} \quad (u[\mathrm{m}] \text{ は変位，} c[\mathrm{m/s}] \text{ は波の速度，} t[\mathrm{s}] \text{ は時間})$$

(15.1)

を，波の原理や現象などには立ち入らずに単純に数学的立場から解いて，弦の振動（波の伝わる $x[\mathrm{m}]$ 方向に対して直角に運動するときの変位）を表現する一般式を導くことである．

弦というと通常，ある長さ $L[\mathrm{m}]$ で両端が固定されている弦と，一端だけが固定された弦（ある程度の硬さを持って空間に浮いている棒のような弦）とが考えられるが，一次元波動方程式(15.1)を解く場合は，前者には「変数分離法」（特殊解を求めるときにフーリエ級数が使われる），後者には「フーリエ変換法」（フーリエ変換を使って特殊解を求める）が用いられる．

これは，一次元拡散方程式を解くとき，物理量（物質量や熱量など）の x 方向への移動が有限領域（$0 \leqq x \leqq L$）ならば変数分離法が用いられ，半無限領域（$0 \leqq x < \infty$）ならば変数結合法（あるいはラプラス変換法）が適用されるのと同じである．

なお，フーリエ変換は化学工学の分野（一次元熱伝導方程式を用いて棒状物体の温度変化を求める場合など）にも実用されているが，それよりも分光学（電磁波スペクトルの測定など）や回折学（X線回折の計算など）への応用が多いようだ．

15.1　フーリエ変換と反転公式

フーリエ変換は第10話で述べたラプラス変換と並ぶ最も代表的な関数変換であり，ラプラス変換と同じように，定積分による関数変換を拡張したものである．

すなわち，すべての実数 x で定義された関数 $f(x)$ に対して，次の積分

$$F(\omega) \equiv \boldsymbol{F}\{f(x)\} = \frac{1}{\sqrt{2\pi}} \int_{-\infty}^{\infty} f(x) \mathrm{e}^{-\mathrm{i}\omega x} \mathrm{d}x \tag{15.2}$$

が存在するとき，$F(\omega)$ を $f(x)$ の「フーリエ変換」という（$\boldsymbol{F}\{f(x)\}$ の $\boldsymbol{F}$ は演算子であり，"関数 $f(x)$ をフーリエ変換する"ことを表している）．

ちなみに，フーリエ変換の定義式(15.2)は，周期 $2l$ の関数 $f(x)$ のフーリエ級数（第14話を参照）で用いられている cos と sin に，「オイラーの公式」から求めた cos と sin（第9話を参照）を適用して得られる次の複素形フーリエ級数

$$f(x) = \sum_{n=-\infty}^{\infty} c_n \exp\left(\mathrm{i}\frac{n\pi x}{l}\right)$$

$$\text{ただし，} c_n = \frac{1}{2l} \int_{-l}^{l} f(x) \exp\left(-\mathrm{i}\frac{n\pi x}{l}\right) \mathrm{d}x$$

から導かれる（導出の詳細は応用数学の書籍に任せる）．

そして，「フーリエの積分定理」（その内容については言及しない）に基づいて，関数 $f(x)$ とそのフーリエ変換 $F(\omega)$ との間に次の関係（フーリエ変換の定義式(15.2) とよく似ている）

$$f(x) = \frac{1}{\sqrt{2\pi}} \int_{-\infty}^{\infty} F(\omega) \mathrm{e}^{\mathrm{i}\omega x} \mathrm{d}\omega \tag{15.3}$$

が成り立つ．これを「フーリエ逆変換」あるいは「フーリエ反転公式」という．

15.2 フーリエ変換の種類と性質

関数 $f(x)$ が偶関数ならば，

$$F(\omega) = \sqrt{\frac{2}{\pi}} \int_0^\infty f(x) \cos \omega x \, dx \tag{15.4}$$

$$f(x) = \sqrt{\frac{2}{\pi}} \int_0^\infty F(\omega) \cos \omega x \, d\omega \tag{15.5}$$

が成り立ち，式(15.4) を $f(x)$ の「フーリエ余弦変換」，式(15.5) をその「反転公式」という．

また関数 $f(x)$ が奇関数ならば，

$$F(\omega) = -i\sqrt{\frac{2}{\pi}} \int_0^\infty f(x) \sin \omega x \, dx \tag{15.6}$$

$$f(x) = i\sqrt{\frac{2}{\pi}} \int_0^\infty F(\omega) \sin \omega x \, d\omega \tag{15.7}$$

が成り立つ．式(15.6) において $-i$（i は虚数単位）を除いた式を $f(x)$ の「フーリエ正弦変換」，式(15.7) において i を除いた式をその「反転公式」という．

これらの式は，オイラーの公式 ($e^{-i\omega x} = \cos \omega x - i \sin \omega x$) とフーリエの積分定理から導かれるが，その導き方についても応用数学の書籍に任せたい．

ラプラス変換に基本的な法則や性質があるのと同じように，フーリエ変換にも基本的な法則や性質があり，その主なものだけを書き並べれば次のとおりである．ただし，$\boldsymbol{F}\{f(x)\} = F(\omega)$, $\boldsymbol{F}\{g(x)\} = G(\omega)$ としている．

線形性： $\boldsymbol{F}\{af(x) + bg(x)\} = aF(\omega) + bG(\omega)$ （a, b は定数）

相似性： $\boldsymbol{F}\{f(ax)\} = \dfrac{1}{|a|} F\left(\dfrac{\omega}{a}\right)$ （a は 0 でない実数）

微分法則： $\boldsymbol{F}\{f^{(n)}(x)\} = (i\omega)^n F(\omega)$

合成積： $\boldsymbol{F}\{(f * g)(x)\} = \sqrt{2\pi} F(\omega) G(\omega)$

ここで，二つの関数 $f(x)$ と $g(x)$ の合成積 $(f * g)(x)$ という馴染みの薄い関数が出てきたが，合成積（「たたみこみ」ともいう）は次の積分で定義される．

$$(f * g)(x) \equiv \int_{-\infty}^{\infty} f(x - \tau) g(\tau) \mathrm{d}\tau$$

また，原関数と像関数の関係をまとめたラプラス変換表が整備されているのと同じように，基本的な関数のフーリエ変換が応用数学書などにまとめられている．そのごく一部を書いておこう．

$f(x)$	$F(\omega)$
$\exp(-|x|)$	$\sqrt{\dfrac{2}{\pi}} \dfrac{1}{1+\omega^2}$
$\dfrac{1}{1+x^2}$	$\sqrt{\dfrac{\pi}{2}} \exp(-|\omega|)$
$\exp\left(-\dfrac{x^2}{2}\right)$	$\exp\left(-\dfrac{\omega^2}{2}\right)$

演習 15.1

次の関数がある．

$$f(x) = \begin{cases} 1 - |x| & (|x| \leq 1) \\ 0 & (|x| > 1) \end{cases}$$

この関数のフーリエ変換 $\boldsymbol{F}\{f(x)\} = F(\omega)$ は，次式で表されることを導いてみよう．

$$F(\omega) = \sqrt{\frac{2}{\pi}} \frac{1 - \cos\omega}{\omega^2}$$

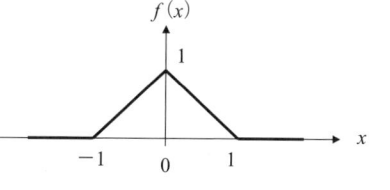

演習 15.2

フーリエ変換 $\boldsymbol{F}\{\exp(-x^2/2)\} = \exp(-\omega^2/2)$ を用いて，次のフーリエ変換を証明してみよう．

$$\boldsymbol{F}\{\exp(-ax^2)\} = \frac{1}{\sqrt{2a}} \exp\left(-\frac{\omega^2}{4a}\right) \quad (a \text{ は正の定数})$$

■ 一端が固定されている弦の振動を求める

一端だけを固定して張られた細くて非常に長い弦がある（図 15.1）．この弦の初期形状が位置 x の関数 $p(x)$ で与えられ，変位の初速度が 0（弦をある形

に保って静かに放すような場合の変位の速さに相当する）だとして，弦が振動するときの変位を求めることにしよう．

弦の x 軸に対して直角方向の変位を $u(x,t)$[m] とすると，$u(x,t)$ は一次元波動方程式(15.1)（ただし，$0 \leq x$[m]$< \infty$，t[s]≥ 0）を満たす．また初期条件と境界条件は，上で述べたことから次のように設定される．

初期条件：$t = 0$ のとき $u(x,0) = p(x)$，$\left[\dfrac{\partial u(x,t)}{\partial t}\right]_{t=0} = 0$

境界条件：$x = 0 (t > 0)$ のとき $u(0,t) = 0$

それでは，フーリエ変換を用いて一次元波動方程式(15.1)を解く作業に入るが，解き方の基本的な流れは第10話で述べた線形微分方程式に対する「ラプラス変換法」と同じだ，ということを念頭におきながら読み進めていただきたい．

まず，式(15.1)の両辺にフーリエ変換をほどこす（ただし，変数 x に着目していることを意識しよう）．

$$\boldsymbol{F}\left(c^2 \frac{\partial^2 u}{\partial x^2}\right) = \boldsymbol{F}\left(\frac{\partial^2 u}{\partial t^2}\right) \tag{15.8}$$

ここで，変位 $u(x,t)$ は境界条件（あるいは図15.1）から見て，原点に関して対称な奇関数だと判断できるので，そのフーリエ変換 $\boldsymbol{F}\{u(x,t)\}$（$\boldsymbol{F}(u)$ と書く）を次式のフーリエ正弦変換

$$U(\omega, t) \equiv \boldsymbol{F}(u) = \sqrt{\frac{2}{\pi}} \int_0^\infty u \sin \omega x \, \mathrm{d}x$$

で表して，式(15.8)を書きかえることにする．

すると，式(15.8)の左辺はフーリエ変換の性質（線形性と微分法則）から次のように表される．

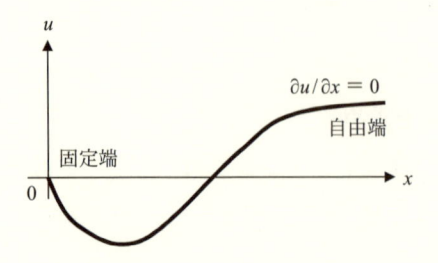

図15.1 一端が固定された弦の振動

$$\boldsymbol{F}\left(c^2\frac{\partial^2 u}{\partial x^2}\right) = c^2\boldsymbol{F}\left(\frac{\partial^2 u}{\partial x^2}\right) = c^2(\mathrm{i}\omega)^2 U(\omega,t) = -c^2\omega^2 U(\omega,t)$$
(15.9)

一方,式(15.8)の右辺はフーリエ正弦変換の定義から次式で表される(ただし,微分と積分の順序が交換できるとしている).

$$\boldsymbol{F}\left(\frac{\partial^2 u}{\partial t^2}\right) = \sqrt{\frac{2}{\pi}}\int_0^\infty \frac{\partial^2 u}{\partial t^2}\sin\omega x\,\mathrm{d}x = \frac{\partial^2}{\partial t^2}\sqrt{\frac{2}{\pi}}\int_0^\infty u\sin\omega x\,\mathrm{d}x$$
$$= \frac{\partial^2}{\partial t^2}U(\omega,t) \tag{15.10}$$

式(15.9)と式(15.10)を式(15.8)に代入すれば次式が得られる.

$$\frac{\partial^2}{\partial t^2}U(\omega,t) + c^2\omega^2 U(\omega,t) = 0 \tag{15.11}$$

式(15.11)は偏微分で表してあるが,実際は変数 t についての「定数係数斉次線形二階微分方程式」だから,その一般解は次式で与えられる(第9話を参照).

$$U(\omega,t) = C_1\cos c\omega t + C_2\sin c\omega t \quad (C_1, C_2 \text{は任意定数}) \tag{15.12}$$

式(15.12)の任意定数は初期条件から定めることになるので,そのためには初期条件についても,フーリエ変換をほどこさなければならない(ただし,$p(x)$ のフーリエ変換を $P(\omega)$ で表し,また微分と積分の順序交換可能とする).

$$\boldsymbol{F}\{u(x,0)\} = U(\omega,0) = \boldsymbol{F}\{p(x)\}$$
$$= P(\omega) \tag{15.13}$$

$$\boldsymbol{F}\left\{\left[\frac{\partial u(x,t)}{\partial t}\right]_{t=0}\right\} = \left[\frac{\partial}{\partial t}\boldsymbol{F}\{u(x,t)\}\right]_{t=0} = \left[\frac{\partial}{\partial t}U(\omega,t)\right]_{t=0}$$
$$= 0 \tag{15.14}$$

フーリエ変換された初期条件(式(15.13)と式(15.14))を式(15.12)に適用すれば,任意定数は $C_1 = P(\omega)$,$C_2 = 0$ と定まるので式(15.12)は次式で表される.

$$U(\omega,t) = P(\omega)\cos c\omega t \tag{15.15}$$

さて次に，目的としている変位 $u(x,t)$ の関数形を明らかにする．そのために，式 (15.15) の形で得られたフーリエ変換 $U(\omega, t)$ を元の関数 $u(x,t)$ に戻し，その $u(x,t)$ を初期形状として与えた関数 $p(x)$ を用いて表すことにしよう．

そこで，フーリエ正弦変換の反転公式に式 (15.15) を代入すると，

$$u(x,t) = \sqrt{\frac{2}{\pi}} \int_0^\infty P(\omega) \cos c\omega t \sin \omega x \, d\omega \tag{15.16}$$

となるので，$x > ct$ として三角関数の「積を和・差に直す公式」を適用し，さらにフーリエ正弦変換の反転公式に従えば，式 (15.16) は次のように表せる．

$$\begin{aligned}
u(x,t) &= \sqrt{\frac{2}{\pi}} \int_0^\infty P(\omega) \frac{1}{2} \{\sin \omega(x+ct) + \sin \omega(x-ct)\} d\omega \\
&= \frac{1}{2}\left\{ \sqrt{\frac{2}{\pi}} \int_0^\infty P(\omega) \sin \omega(x+ct) d\omega \right. \\
&\quad \left. + \sqrt{\frac{2}{\pi}} \int_0^\infty P(\omega) \sin \omega(x-ct) d\omega \right\} \\
&= \frac{1}{2}\{p(x+ct) + p(x-ct)\}
\end{aligned} \tag{15.17}$$

同様にして，$x < ct$ の場合は次式となる．

$$u(x,t) = \frac{1}{2}\{p(x+ct) - p(x-ct)\} \tag{15.18}$$

演習 15.3

次の偏微分方程式（熱伝導方程式に代表される一次元拡散方程式）がある．

$$\begin{cases} \dfrac{\partial^2 u}{\partial x^2} = \dfrac{\partial u}{\partial t} & (-\infty < x < \infty,\ t \geqq 0) \\ u(x,0) = p(x) & (-\infty < x < \infty) \end{cases}$$

ここで，$p(x)$ は初期状態 ($t=0$) のときの，たとえば温度分布を表す関数だと考えればよい．

この偏微分方程式の解 $u(x,t)$ は次式で表されることを，フーリエ変換法を用いて導いてみよう．

$$u(x,t) = \frac{1}{2\sqrt{\pi t}} \int_{-\infty}^{\infty} p(x-\omega) \exp\left(-\frac{\omega^2}{4t}\right) d\omega$$

追記：得られた $u(x,t)$ を実際に使える形にするには，関数 $p(x)$ を決めたのち，さらに複雑な数学的操作をしなければならない．

■ 両端が固定されている弦の振動を表すには

両端が固定されている長さ $L[\mathrm{m}]$ の弦がある（図15.2）．この弦の初期形状を $p(x)$，変位の初速度を $q(x)$ で与えたとき，弦の変位 $u(x,t)$ を表す式は，一次元波動方程式(15.1) を次の初期条件と境界条件のもとで解けば得られる．

初期条件：$u(x,0) = p(x)$, $\left[\dfrac{\partial u(x,t)}{\partial t}\right]_{t=0} = q(x)$

境界条件：$u(0,t) = 0$, $u(L,t) = 0$ （ただし，$t > 0$）

それでは，変位 $u(x,t)$ が次式(15.19) のように位置 x の関数 $f(x)$ と時間 t の関数 $g(t)$ の積で表されるとして，一次元波動方程式(15.1) を変数分離法によって解くことにしよう．

$$u(x,t) = f(x)g(t) \tag{15.19}$$

式(15.19) を式(15.1) に適用したあと，両辺を $f(x)g(t)$ で割れば偏微分方程式(15.1) は次の微分方程式におきかわる．

$$\frac{1}{f(x)}\frac{\mathrm{d}^2 f(x)}{\mathrm{d}x^2} = \frac{1}{c^2 g(t)}\frac{\mathrm{d}^2 g(t)}{\mathrm{d}t^2} \tag{15.20}$$

ここで，式(15.20) の両辺を定数 K とおくならば，次の二つの「定数係数斉次線形二階微分方程式」が得られる．

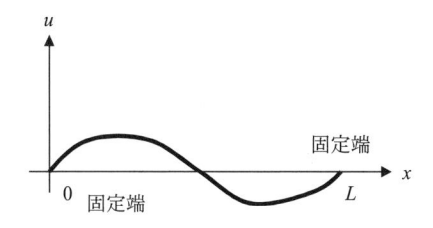

図15.2 両端が固定された弦の振動

$$\frac{\mathrm{d}^2 f(x)}{\mathrm{d}x^2} - Kf(x) = 0 \tag{15.21}$$

$$\frac{\mathrm{d}^2 g(t)}{\mathrm{d}t^2} - c^2 Kg(t) = 0 \tag{15.22}$$

微分方程式(15.21)の一般解 $f(x)$ は，第9話の内容から推察できるように，定数 K の値によって次の3種類の式で表される（ただし，a と b は任意定数）．

① $K > 0$ のとき　$f(x) = a\mathrm{e}^{\sqrt{K}x} + b\mathrm{e}^{-\sqrt{K}x}$ (15.23)

② $K = 0$ のとき　$f(x) = ax + b$ (15.24)

③ $K < 0$ のとき　$f(x) = a\cos\sqrt{-K}x + b\sin\sqrt{-K}x$ (15.25)

ところが境界条件の制約があるので，3種類の一般解 $f(x)$ がすべて"本事例の意にかなう解"とはならない．よってこれから意にかなう解 $f(x)$ を探し出すことにするが，その前に，探し出すのに必要な条件をつくることにしよう．

式(15.19)を上に示した境界条件に適用すると，境界条件は次のように書きかえることができる．

$$u(0,t) = f(0)g(t) = 0, \quad u(L,t) = f(L)g(t) = 0 \tag{15.26}$$

これより，境界条件を満たすための次の条件が得られる（この条件に適応する解 $f(x)$ について，本事例の意にかなうか否かを判断することになる）．

$$f(0) = f(L) = 0 \tag{15.27}$$

なお，式(15.26)を満たす条件として $g(t) = 0$ も得られるが，$g(t) = 0$ は $u(x,t) = 0$ ということであり，これは"時間が経っても弦が静止したまままったく動かない"という条件になるので，こんな条件は論外だということがわかるだろう．

それでは，微分方程式(15.21)の一般解 $f(x)$ の中から条件式(15.27)を満たしている"本事例の意にかなう解"を探し出して，式の形を確定することにしよう．

① 一般解(15.23)が条件式(15.27)を満たすためには，
$$f(0) = a + b = 0, \; f(L) = a\mathrm{e}^{\sqrt{K}L} + b\mathrm{e}^{-\sqrt{K}L} = 0$$
より $a = b = 0$ となるので，$f(x) = 0$ でなければならない．このよう

な解 $f(x)$ は $u(x,t) = 0$ を意味しており，"x 軸上に静止したままの弦"を表しているから，当然のことながら本事例の意にかなうような解の対象にはならない．

② 一般解(15.24)が条件式(15.27)を満たすためには，
$$f(0) = b = 0, \quad f(L) = aL + b = 0$$
より $a = b = 0$ となって $f(x) = 0$ となるので，この場合も一般解(15.23)と同じように解の対象にはならない．

③ 一般解(15.25)が条件式(15.27)を満たすためには，
$$f(0) = a\cos 0 = 0$$
$$f(L) = a\cos\sqrt{-K}L + b\sin\sqrt{-K}L = 0$$
となり，前の式より $a = 0$，したがって後の式より $b\sin\sqrt{-K}L = 0$ となるから，式(15.27)を満たす要件は「$a = 0$ かつ $b = 0$」か「$a = 0$ かつ $\sqrt{-K}L = n\pi$（n は 0 および整数）」か，である．このうち，前者の要件を満たす解は上で述べたように解の対象にはならないので，後者の要件を満たす解のみが本事例の意にかなう解 $f(x)$ を与える．

以上から，式(15.25)の任意定数 a, b と定数 K は，
$$a = 0, \quad b \neq 0 \text{（任意）}, \quad \sqrt{-K} = n\pi/L \text{（n は 0 および整数）}$$
となるので，目的とする一般解 $f(x)$ は次のように決まる．

$$f(x) = b\sin\frac{n\pi x}{L} \tag{15.28}$$

式(15.28)を見てわかるとおり，$f(x)$ は b を任意定数とする無限個の離散解を持っている．したがって定数 b も無限個あることになるので，それを明確にするために式(15.28)を次のように書きかえておこう．

$$f(x) = b_n\sin\frac{n\pi x}{L} \quad \text{（b_n は無限個の任意定数）} \tag{15.29}$$

そしてさらに，上に示した定数 K の値から，微分方程式(15.22)の一般解も無限個の離散解を持つことが明白なので，式(15.22)の係数 $-c^2K$ を，

$$-c^2 K = (c\sqrt{-K})^2 = \left(c\frac{n\pi}{L}\right)^2 = \omega_n^2$$

とおくことにする．

そうすると，微分方程式(15.22)の一般解 $g(t)$ は次式で与えられる．

$$g(t) = c_n \cos \omega_n t + d_n \sin \omega_n t \quad (c_n, d_n \text{ は無限個の任意定数}) \quad (15.30)$$

微分方程式(15.21)と(15.22)の一般解が式(15.29)と式(15.30)として求まったので，これらを式(15.19)に代入すれば一次元波動方程式(15.1)の一般解は次のようになる（ただし，$b_n c_n = C_n$, $b_n d_n = D_n$ とおいた）．

$$u(x, t) = \sin \frac{n\pi x}{L}(C_n \cos \omega_n t + D_n \sin \omega_n t) \quad (15.31)$$

式(15.31)を見れば，一次元波動方程式の一般解 $u(x, t)$ は無限個の離散解を持つことが明らかなので，「重ね合わせの原理」（第14話を参照）を用いて「一つの解」にまとめると次のようになる．

$$u(x, t) = \sum_{n=1}^{\infty} (C_n \cos \omega_n t + D_n \sin \omega_n t) \sin \frac{n\pi x}{L} \quad (15.32)$$

なおここで，n として0および負の整数を除いたが，その理由は第14話で取り上げた事例の場合と同じである．より詳しくは，直交関数系（フーリエ級数もその一つである）と呼ばれる関数の性質から説明されるが，そこまでは深入りしないことにしよう．

■ 弦の振動を表す式を求める

両端が固定されたときの弦の振動を表す「一つにまとめた一般解」が式(15.32)として導けたので，最後の課題は上に示した初期条件を満たす係数（つまり任意定数）C_n と D_n を決めることである．

式(15.32)が初期条件を満たすとすれば，

$$u(x, 0) = \sum_{n=1}^{\infty} C_n \sin \frac{n\pi x}{L} = p(x) \quad (15.33)$$

$$\left[\frac{\partial u(x, t)}{\partial t}\right]_{t=0} = \sum_{n=1}^{\infty} D_n \omega_n \sin \frac{n\pi x}{L} = q(x) \quad (15.34)$$

が得られる．

ここで第14話を思い出していただくと，式(15.33)の無限級数は関数 $p(x)$

のフーリエ正弦級数だということがわかるので，その係数 C_n は次式で与えられる．

$$C_n = \frac{2}{L}\int_0^L p(x)\sin\frac{n\pi x}{L}\mathrm{d}x \tag{15.35}$$

同様に，式(15.34)の無限級数も関数 $q(x)$ のフーリエ正弦級数だから係数 D_n は，

$$D_n\omega_n = \frac{2}{L}\int_0^L q(x)\sin\frac{n\pi x}{L}\mathrm{d}x \text{ より，}$$

$$D_n = \frac{2}{L\omega_n}\int_0^L q(x)\sin\frac{n\pi x}{L}\mathrm{d}x \tag{15.36}$$

となる．

係数 C_n と D_n の関数形が決まったから，あとは関数 $p(x)$ と $q(x)$ を具体的に設定して，現実的な振動（変位）がどのように表されるかである．これについては他書に譲ることにして，波動方程式の話題はこれで打ち切る．

以上，数式のオンパレードになってしまったが，ここで扱ったフーリエ変換は，波動方程式のみならず熱伝導方程式などの解法にも使われる重要な関数変換操作であり，また後半で述べた変数分離法で必須となる定数 K の決め方（いいかえれば，定数係数斉次線形二階微分方程式の一般解の選び方）は，ラプラス方程式を解く際にも応用される．このことだけでも頭に入れておいて，実際に対応するときに役立てていただきたい．

なお，波動方程式とその解は，理論面では電子軌道の解析に，実用面ではプラント機器の外的要因による振動問題の解析（たとえば，自立型の塔やラックに固定された配管の振動解析など）に応用できると思われる．

第16話

円筒物の**伝熱解析**を支える

ベッセル関数

　拡散による物質や熱の移動が，設定された領域内で半径方向へ向かうときには，移動現象を解析するための拡散方程式として，円柱座標系か球座標系で表した式を用いなければならない．たとえば熱の移動が，旋回方向や経度・緯度方向が無視でき，半径 r[m] 方向だけを考えればよい場合は，第12話で書いた次の一次元拡散方程式を用いることになる．

円柱座標系　　$\alpha\left(\dfrac{\partial^2 T}{\partial r^2} + \dfrac{1}{r}\dfrac{\partial T}{\partial r}\right) = \dfrac{\partial T}{\partial t}$ 　　　　　　(16.1)

球座標系　　$\alpha\left(\dfrac{\partial^2 T}{\partial r^2} + \dfrac{2}{r}\dfrac{\partial T}{\partial r}\right) = \dfrac{\partial T}{\partial t}$ 　　　　　　(16.2)

ここで，α[m²/s] は熱拡散係数，T[K] は温度，t[s] は時間を示す．

　円柱座標系や球座標系で表した一次元拡散方程式（円柱内の温度分布などを求める）(16.1)や一次元拡散方程式（球体内の温度分布などを求める）(16.2)を変数分離法で解きはじめると，直交座標系の場合と同じように，それらの一次元拡散方程式（偏微分方程式）は一階微分方程式（変数分離形微分方程式）と二階微分方程式におきかわる．ところが二階微分方程式のほうは，直交座標系のときに出てくる定数係数斉次線形微分方程式ではなく，特殊な斉次線形二階微分方程式になる．その斉次線形二階微分方程式の原形（つまり標準形）が，

ここで話題にするベッセル（Bessel）微分方程式なのである．

16.1 ベッセル微分方程式と級数解の係数

次に示す斉次線形二階微分方程式を n 次の「ベッセル微分方程式」という．

$$\frac{d^2y}{dx^2} + \frac{1}{x}\frac{dy}{dx} + \frac{x^2-n^2}{x^2}y = 0 \quad （n \text{ は任意の定数}） \tag{16.3}$$

さて，斉次線形微分方程式を解析的に解く方法の一つに，べき級数を用いる方法（級数解法という）があるが，その級数解法をベッセル微分方程式(16.3)に適用することにしよう．

級数解法の進め方に従って，ベッセル微分方程式(16.3)の解として次の形の級数解が得られるとする．

$$y = \sum_{i=0}^{\infty} a_i x^{i+\lambda} \quad （\lambda \text{ はあとで決められる定数}） \tag{16.4}$$

この級数解を式(16.3)に代入すると，

$$\frac{d^2}{dx^2}\left(\sum_{i=0}^{\infty} a_i x^{i+\lambda}\right) + \frac{1}{x}\frac{d}{dx}\left(\sum_{i=0}^{\infty} a_i x^{i+\lambda}\right) + \frac{x^2-n^2}{x^2}\left(\sum_{i=0}^{\infty} a_i x^{i+\lambda}\right) = 0 \tag{16.5}$$

となるので，微分を実行したあと展開して変数 x について整理し，整理した式が恒等式（第3話を参照）になるように，x のすべての次数の係数を0とすれば次式が得られる．これを「決定方程式」という．

$$\lambda^2 - n^2 = 0 \tag{16.6}$$

さらにまた，級数解(16.4)の各係数は次のようになる．

$$a_1 = -\frac{a_0 \cdot 0}{(\lambda+1)^2 - n^2} = 0$$

$$a_2 = -\frac{a_0}{(\lambda+2)^2 - n^2}$$

以下，同じようにして，

$$a_3 = a_5 = \cdots\cdots = a_{2m+1} = 0$$

$$a_4 = -\frac{a_2}{(\lambda+4)^2 - n^2} = \frac{a_0}{\{(\lambda+2)^2 - n^2\}\{(\lambda+4)^2 - n^2\}}$$

……

$$a_{2m} = (-1)^m \frac{a_0}{\{(\lambda+2)^2 - n^2\}\{(\lambda+4)^2 - n^2\}\cdots\{(\lambda+2m)^2 - n^2\}} \tag{16.7}$$

が得られる．

ここで，式(16.7) の分母の各項は，

$$(\lambda + 2m)^2 - n^2 = (\lambda + 2m - n)(\lambda + 2m + n)$$

と表されるので（ただし，$m = 1, 2, \cdots$），決定方程式(16.6) から得られる二つの λ の値（n と $-n$）のうち，$\lambda = n$ をこれらの各項に代入すれば，係数の式(16.7) は次のように与えられる．

$$a_{2m} = (-1)^m \frac{a_0}{2\cdot 4 \cdot 6 \cdots 2m \times 2^m (n+1)(n+2)\cdots(n+m)}$$

$$= \frac{(-1)^m a_0}{m!\, 2^{2m}(n+1)(n+2)\cdots(n+m)} \tag{16.8}$$

したがって，a_0 を任意の定数とする一つの級数解を得ることができる．

演習 16.1

次の斉次線形二階微分方程式の解はそれぞれ，(1) $y = 1 - 3x^2$, (2) $y = a_0 \cos x + a_1 \sin x$（$a_0, a_1$ は任意定数）になることを，級数解法を用いて導いてみよう．

(1) $(1 - x^2)\dfrac{d^2 y}{dx^2} - 2x\dfrac{dy}{dx} + 6y = 0$ （初期条件は $x = 0$ のとき $y = 1$, $\dfrac{dy}{dx} = 0$）

(2) $\dfrac{d^2 y}{dx^2} + y = 0$

追記：(2) の微分方程式は定数係数斉次線形二階微分方程式だから，その一般解は直ちに，$y = a_0 \cos x + a_1 \sin x$（$a_0, a_1$ は任意定数）と導ける．

16.2 ベッセル微分方程式の一般解とベッセル関数

級数解の係数 a_{2m} に含まれる定数 a_0 は任意なので,慣例に従って簡単かつ便利で扱いやすいように,次式で与えることにする(その理由については関数論の書籍に譲ろう).

$$a_0 = \frac{1}{2^n \Gamma(n+1)}$$

ここで,$\Gamma(n+1)$ をガンマ関数といい,n が正の整数ならば,$\Gamma(n+1) = n!$ となる(本書の範囲内では,ガンマ関数について詳しく知る必要はない).

a_0 を与えると,ベッセル微分方程式(16.3)の一つの級数解 y_1 は式(16.4)より,

$$y_1 = \frac{x^n}{2^n \Gamma(n+1)} \left\{ 1 - \frac{x^2}{2^2(n+1)} + \frac{x^4}{2! 2^4 (n+1)(n+2)} - \cdots \right\}$$

$$= \sum_{m=0}^{\infty} \frac{(-1)^m}{m! \Gamma(n+m+1)} \left(\frac{x}{2}\right)^{2m+n} \tag{16.9}$$

で表される.ただし,$\Gamma(n+m+1) = \Gamma(n+1) \times (n+1)(n+2) \cdots (n+m)$ である.

この級数解(16.9)のことを n 次の「第一種ベッセル関数」と呼び,一般に $J_n(x)$ と記している(すなわち,$y_1 = J_n(x)$).

まったく同じように,$\lambda = -n$ に対して次式が得られる.

$$y_2 = J_{-n}(x) = \sum_{m=0}^{\infty} \frac{(-1)^m}{m! \Gamma(-n+m+1)} \left(\frac{x}{2}\right)^{2m-n} \tag{16.10}$$

したがって,線形微分方程式に対する「線形独立な解の性質」(第14話で述べた,線形偏微分方程式の解に対する重ね合わせの原理と同様の性質)から,n 次のベッセル微分方程式(16.3)の一般解 y は次式で与えられる.

$$y = C_1 J_n(x) + C_2 J_{-n}(x) \quad (C_1, C_2 \text{ は任意定数}) \tag{16.11}$$

ところが,式(16.9)と式(16.10)を見てわかるように,$n=0$ のときには $J_n(x)$ と $J_{-n}(x)$ は同じになる.また n が正の整数のときには $J_{-n}(x) = $

$(-1)^n J_n(x)$ となって（証明は関数論の書籍に任せる），$J_{-n}(x)$ と $J_n(x)$ は線形独立にはならない（つまり，解 y_1 と y_2 は独立ではない）．なので，n が 0 または正の整数のときは，式(16.11)はベッセル微分方程式(16.3)の一般解にはなり得ないのである．

そのため，n が 0 または正の整数のときのベッセル微分方程式(16.3)の第 2 の解 y_2 として，次式が導かれている（詳細は関数論の書籍に譲る）．

$$y_2 = Y_n(x) = \frac{2}{\pi} J_n(x) \left(\gamma + \ln \frac{x}{2} \right) - \frac{1}{\pi} \sum_{m=0}^{n-1} \frac{(n-m-1)!}{m!} \left(\frac{x}{2} \right)^{2m-n}$$

$$- \frac{1}{\pi} \sum_{m=0}^{\infty} \frac{(-1)^m}{m!(n+m)!} \left(\frac{x}{2} \right)^{2m+n} \{ f(m) + f(n+m) \}$$

$$\tag{16.12}$$

ここで，$f(m) = 1 + \dfrac{1}{2} + \cdots\cdots + \dfrac{1}{m}$，$f(0) = 0$，$\gamma$（オイラー定数）≒ 0.5772 である．

したがって，n が 0 または正の整数の場合のベッセル微分方程式(16.3)の一般解 y は次式で与えられる．

$$y = C_1 J_n(x) + C_2 Y_n(x) \quad (C_1, C_2 \text{ は任意定数}) \tag{16.13}$$

なお，式(16.12)で表される $Y_n(x)$ のことを n 次の「第二種ベッセル関数」と呼んでいる．

16.3　ベッセル関数の性質

最も簡単なベッセル微分方程式は，式(16.3)で $n = 0$ となる場合

$$\frac{d^2 y}{dx^2} + \frac{1}{x} \frac{dy}{dx} + y = 0 \tag{16.14}$$

であり，この形の微分方程式を「0 次のベッセル微分方程式」という．

0 次のベッセル微分方程式の一般解は，式(16.13)から類推できるように，

$$y = C_1 J_0(x) + C_2 Y_0(x) \quad (C_1, C_2 \text{ は任意定数}) \tag{16.15}$$

となる．

そして，$J_0(x)$（0 次の第一種ベッセル関数という）と $Y_0(x)$（0 次の第二種ベ

ッセル関数という）はそれぞれ，式(16.9)および式(16.12)に従って次式で求められる．

$$J_0(x) = \sum_{m=0}^{\infty} \frac{(-1)^m}{m!\,\Gamma(m+1)} \left(\frac{x}{2}\right)^{2m} = 1 - \frac{x^2}{2^2} + \frac{x^4}{2^2 4^2} - \frac{x^6}{2^2 4^2 6^2} + \cdots\cdots$$

(16.16)

$$Y_0(x) = \frac{2}{\pi} J_0(x) \left(\gamma + \ln\frac{x}{2}\right) - \frac{2}{\pi} \sum_{m=0}^{\infty} \frac{(-1)^m}{(m!)^2} \left(\frac{x}{2}\right)^{2m} \{f(m)\}$$

(16.17)

Excel を駆使して数値計算した，0 次のベッセル関数 $J_0(x)$ と $Y_0(x)$ の値の変化をじっくり眺めてみよう（図16.1）．

$J_0(x)$ も $Y_0(x)$ も三角関数の $\sin x$ や $\cos x$ の波形にかなり似ていて，波の高さはだんだん小さくなっていくが，x の値が大きくなるにつれてその高さはあまり変わらなくなり，ベッセル関数の値が 0 になる間隔も $\sin x$ や $\cos x$ と同じように，π に近づくのがわかる．

このように，ベッセル関数が三角関数に類似していることから，ベッセル関数についても，第 14 話のフーリエ級数のところで付記した三角関数の性質（式

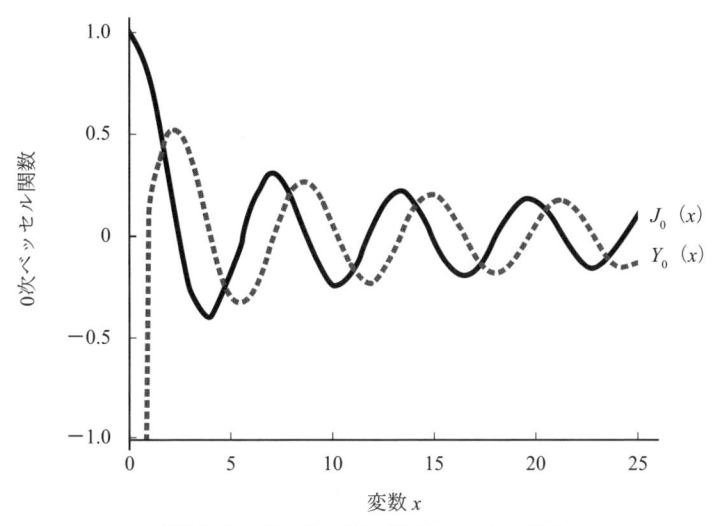

図16.1 0次の第一種，第二種ベッセル関数

(14.17) と式 (14.18)) とよく似た性質がある．数学的な証明は応用数学や関数論の書籍に全面的に委ねることにして，その性質を書き記しておこう．

$a = a_j (j = 1, 2, \cdots\cdots)$, $a_k (k = 1, 2, \cdots\cdots)$ が，n 次の第一種ベッセル関数 $J_n(al)$ を満たす解（つまり，$J_n(a_j l) = 0$, $J_n(a_k l) = 0$ (ただし，$n \geqq 0$)) だとすれば，次の関係が得られる．これを「ベッセル関数の直交性」という．

$$\int_0^l x J_n(a_j x) J_n(a_k x) \mathrm{d}x = 0 \quad (j \neq k) \tag{16.18}$$

$$= \frac{l^2}{2} \{J_{n+1}(a_j l)\}^2 \quad (j = k) \tag{16.19}$$

もう一つ付け加えると，第一種ベッセル関数に対しては次の関係も成り立ち，ここで扱う事例を解析するときに重要な役割を果たす．

$$\int_0^l x J_n(a_j x) \mathrm{d}x = \frac{l}{a_j} J_{n+1}(a_j l) \tag{16.20}$$

演習 16.2

次の微分方程式を変数変換によってベッセル微分方程式の標準形（式(16.3)の形）に直し，与えられた（もとの）微分方程式の一般解をベッセル関数で表してみよう．

(1) $x^2 \dfrac{\mathrm{d}^2 y}{\mathrm{d}x^2} + x \dfrac{\mathrm{d}y}{\mathrm{d}x} + 4(x^4 - n^2)y = 0$ （n は整数でない正の数）

(2) $x \dfrac{\mathrm{d}^2 y}{\mathrm{d}x^2} - \dfrac{\mathrm{d}y}{\mathrm{d}x} + xy = 0$

■ 側面温度が急変したときの円柱内温度変化を表すには

半径 R[m] の非常に長い円柱がある．最初，この円柱全体が温度 T_0[K] になっていたのが，急に側面温度が T_1[K] になり，その温度はそのまま T_1 に保たれているとする．

そのとき，中心軸から半径 r[m] 方向へ向かう円柱内温度 T[K] は，時間 t [s] とともにどのように変化するのか，一次元拡散方程式(16.1)を無次元化した次式を解いて明らかにしよう（無次元化の手順は第12話で紹介した）．

$$\frac{\partial^2 \theta}{\partial \xi^2} + \frac{1}{\xi}\frac{\partial \theta}{\partial \xi} = \frac{\partial \theta}{\partial \phi} \tag{16.21}$$

ただし，θ, ξ, ϕ はそれぞれ，変数変換された無次元温度，無次元距離（半径），無次元時間である．

$$\theta = \frac{T - T_1}{T_0 - T_1}, \ \xi = \frac{r}{R}, \ \phi = \frac{\alpha t}{R^2} \quad (\alpha [\mathrm{m^2/s}] \text{ は熱拡散係数})$$

上で述べた状況で考えられる初期条件と境界条件は，次のように設定できる．

初期条件(a)：$\phi = 0$ のとき $\theta = 1$
初期条件(b)：$\phi = \infty$ のとき $\theta = 0$
境界条件(c)：$\xi = 1 (\phi > 0)$ のとき $\theta = 0$
境界条件(d)：$\xi = 0 (\phi > 0)$ のとき $0 < \theta < 1$

境界条件(d)は条件らしくない条件だが，"円柱の中心軸では温度は有限の値になる"ことを意味しており，偏微分方程式の一般解を決めるときに役立つ条件なのである（初期条件(b)も同様）．

では，変数分離法を用いて一次元拡散方程式(16.21)の一般解を求めることにしよう（その要領は第14話で述べた「平板内温度変化」の場合と同じだ）．

$\theta(\xi, \phi) = f(\xi)g(\phi)$ とおいて，これを式(16.21)に代入すれば，次の二つの微分方程式が得られる（ただし，K は定数）．

$$\frac{dg(\phi)}{d\phi} - Kg(\phi) = 0 \tag{16.22}$$

$$\frac{d^2 f(\xi)}{d\xi^2} + \frac{1}{\xi}\frac{df(\xi)}{d\xi} - Kf(\xi) = 0 \tag{16.23}$$

変数分離形微分方程式(16.22)の一般解は積分によって簡単に求められ，次式で与えられる．

$$g(\phi) = C_1 \exp(K\phi) \quad (C_1 \text{ は任意定数}) \tag{16.24}$$

まずはここで，定数 K の値が正なのか負なのかを判定するために，初期条件(b)に着目することにしよう．この条件は"$\phi = \infty$ のとき $g(\phi) = 0$"ということだから，一般解(16.24)がこの条件を満足するためには「$K < 0$」でなけれ

ばならないことがわかる．そこで，$K = -\lambda^2$（λ は実数）とおくことにする（同じ記号 λ で与えてしまったが，ここで使っている λ はベッセル微分方程式の級数解(16.4)で用いた λ ではない）．

そうすると，一般解(16.24)は，

$$g(\phi) = C_1 \exp(-\lambda^2 \phi) \tag{16.25}$$

となり，また微分方程式(16.23)は次のように書きかえられる．

$$\frac{d^2 f(\xi)}{d\xi^2} + \frac{1}{\xi}\frac{df(\xi)}{d\xi} + \lambda^2 f(\xi) = 0 \tag{16.26}$$

この斉次線形二階微分方程式(16.26)は，実は 0 次のベッセル微分方程式(16.14)の変形なのである．なぜかといえば，$\xi = \sigma/\lambda$ と変数変換すると，

$$\frac{df}{d\xi} = \lambda \frac{df}{d\sigma}$$

$$\frac{d^2 f}{d\xi^2} = \lambda^2 \frac{d^2 f}{d\sigma^2}$$

と表すことができ，これらを式(16.26)に代入すれば，

$$\frac{d^2 f(\sigma/\lambda)}{d\sigma^2} + \frac{1}{\sigma}\frac{df(\sigma/\lambda)}{d\sigma} + f(\sigma/\lambda) = 0 \tag{16.27}$$

となって，微分方程式(16.26)は 0 次のベッセル微分方程式(16.14)（つまり標準形）に書きかえられるからである．

0 次のベッセル微分方程式(16.27)の一般解は，前に述べた式(16.15)より，

$$f(\sigma/\lambda) = C_2 J_0(\sigma) + C_3 Y_0(\sigma) \quad (C_2, C_3 \text{ は任意定数})$$

となるから，これをもとの形に戻せば，微分方程式(16.26)の一般解は次式で与えられる．

$$f(\xi) = C_2 J_0(\lambda \xi) + C_3 Y_0(\lambda \xi) \quad (C_2, C_3 \text{ は任意定数}) \tag{16.28}$$

ところで，第二種ベッセル関数 $Y_0(\lambda \xi)$ に対して $\xi = 0$ とすると，$Y_0(0) = -\infty$ となる．なぜならば，$Y_0(\lambda \xi)$ には $\ln \xi$ に相当する項が含まれているので，この値が $-\infty$ になるからである（式(16.17)と図 16.1 から理解できるであろう）．

その結果，式(16.28)の$f(\xi)$は$-\infty$（すなわち$\theta = -\infty$）となって，境界条件(d)が満たされないことになる．よって，一般解(16.28)の任意定数C_3は0でなければならない．

ということから，一次元拡散方程式(16.21)の一般解は次のようになる．

$$\theta(\xi, \phi) = \{C_2 J_0(\lambda \xi)\}\{C_1 \exp(-\lambda^2 \phi)\}$$
$$= A_n J_0(\lambda \xi) \exp(-\lambda^2 \phi) \quad (任意定数を C_2 C_1 = A_n とおいた)$$
(16.29)

ここで境界条件(c)を使うと，$0 = A_n J_0(\lambda) \exp(-\lambda^2 \phi)$となり，$J_0(\lambda) = 0$でなければならない．この$J_0(\lambda)$は0次の第一種ベッセル関数で，$J_0(\lambda) = 0$を満たす$\lambda$は無数にあるので一般解(16.29)も無数にあることになる（ということは任意定数も無数にあるので，そのことを明確にするためにA_nとおいたのである）．

そこで，λを小さいほうから順に$\lambda_1, \lambda_2, \cdots\cdots, \lambda_n, \cdots\cdots$とすれば，「重ね合わせの原理」（第14話を参照）を適用して，一般解(16.29)を次のように「一つの解」として表すことができる．

$$\theta(\xi, \phi) = \sum_{n=1}^{\infty} A_n J_0(\lambda_n \xi) \exp(-\lambda_n^2 \phi)$$
(16.30)

▪ 円柱内温度変化を表す式を求める

一つにまとめた一般解が式(16.30)として求まったので，あとは任意定数A_nを決めれば目的の特殊解が得られる．

そのために，最後に残った初期条件(a)を使うと，式(16.30)は次式となる．

$$1 = \sum_{n=1}^{\infty} A_n J_0(\lambda_n \xi)$$
(16.31)

そこで，第14話の「平板内温度変化を表す式」を求める際に用いた「別法」を真似て，式(16.31)の両辺に$\xi J_0(\lambda_m \xi)$をかけ，$\xi = 0 \sim 1$の範囲で積分することにしよう（次式(16.32)の右辺では総和と積分の順序を交換している）．

$$\int_0^1 \xi J_0(\lambda_m \xi) \mathrm{d}\xi = \sum_{n=1}^{\infty} A_n \int_0^1 \xi J_0(\lambda_m \xi) J_0(\lambda_n \xi) \mathrm{d}\xi$$
(16.32)

ただし，$\lambda_m(m = 1, 2, \cdots\cdots)$はすべて，$J_0(\lambda) = 0$を満たす$\lambda$の値に小さいほうから順番を付けたものである．

式(16.32)の右辺の積分項は，ベッセル関数の直交性を表す式(16.18)より，$m = n$の項を除いてすべて0になる．そして残った積分項は，同じく直交性を表す式(16.19)より$(1/2)\{J_1(\lambda_n)\}^2$となるので，

$$\text{式(16.32)の右辺} = A_n \frac{1}{2}\{J_1(\lambda_n)\}^2 \tag{16.33}$$

が得られる．

一方，式(16.32)の左辺はベッセル関数の関係式(16.20)より次式となる（mをnに書きかえる）．

$$\text{式(16.32)の左辺} = \frac{1}{\lambda_n} J_1(\lambda_n) \tag{16.34}$$

したがって，式(16.33)と式(16.34)より任意定数A_nはλ_nの関数として次式で表される．

$$A_n = \frac{2}{\lambda_n J_1(\lambda_n)} \quad (n = 1, 2, \cdots\cdots) \tag{16.35}$$

ここで，$J_1(\lambda_n)$は一次の第一種ベッセル関数である．

このA_nを式(16.30)に代入すれば，一次元拡散方程式(16.21)の特殊解（側面温度が急変したときの円柱内温度変化を表す式）が次の級数関数として得られる．

$$\theta(\xi, \phi) = \sum_{n=1}^{\infty} \frac{2}{\lambda_n J_1(\lambda_n)} J_0(\lambda_n \xi) \exp(-\lambda_n^2 \phi) \tag{16.36}$$

ただし，$\lambda_n(n = 1, 2, \cdots\cdots)$は$J_0(\lambda) = 0$の解である．

■ 缶ビールを冷蔵庫で冷やす

側面温度が急変したときに生じる円柱内温度の経時変化は，級数式(16.36)で表されることがわかったが，具体的にどのように計算すればよいのだろうか．

上で述べたようにλ_nは$J_0(\lambda) = 0$の解なので，まず0次の第一種ベッセル関数のグラフから$J_0(\lambda) = 0$となる$\lambda_n(n = 1, 2, \cdots\cdots)$を読みとる．すなわち，

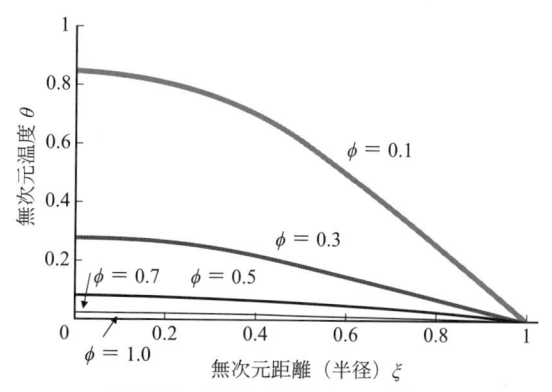

図16.2 円柱内半径方向の温度変化

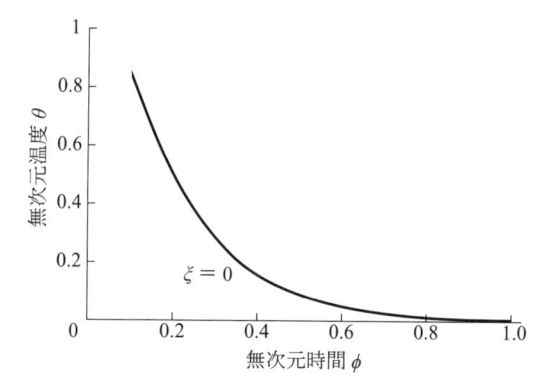

図16.3 円柱中心部の温度変化

$\lambda_1 = 2.41$, $\lambda_2 = 5.52$, $\lambda_3 = 8.65$, $\lambda_4 = 11.79$, …… というように．次いで，これらの値に対する一次の第一種ベッセル関数 $J_1(\lambda_n)$ の値を式(16.9)より求める．それと併行して，任意の無次元半径 ξ ($0 < \xi < 1$) を与えて0次の第一種ベッセル関数 $J_0(\lambda_n \xi)$ の値を求める．そして，任意の無次元時間 ϕ を与えて式(16.36)の級数を数値的に計算すれば，無次元温度 $\theta(\xi, \phi)$ が得られる（図16.2と図16.3）．

これらの図（主に図16.3）を用いて，冷蔵庫に入れた缶ビールがおいしく飲めるまでの時間を計算してみることにしよう（ただし，熱が移動するのは缶の側面部からのみだとする）．

室温（$T_0 = 24°C$）の缶ビールを冷蔵庫（$T_1 = 4°C$）に入れ，缶ビールの中心

($\xi = 0$) が 6℃（つまり缶ビール全体の温度が 6℃ 以下）になったとすると，そのときの無次元温度 θ は，

$$\theta = \frac{T - T_1}{T_0 - T_1} = \frac{6 - 4}{24 - 4} = 0.1$$

となる．したがって，$\xi = 0$ で $\theta = 0.1$ となる無次元時間 ϕ は図 16.3 より $\phi = 0.48$ と読みとることができる．

缶ビールの半径を $R = 0.035$ m，熱拡散係数を $\alpha = 1.5 \times 10^{-7}$ m^2/s（水の熱拡散係数で代用する）とするならば，缶ビール全体が 6℃ 以下に冷えるまでの時間 t[s] は，

$$t = \frac{R^2 \phi}{\alpha} = \frac{(0.035)^2 (0.48)}{1.5 \times 10^{-7}} = 3920 [\text{s}] \fallingdotseq 1.1 [\text{h}]$$

となって，ビールをおいしく飲むためには 1 時間以上も待たねばならない．

ならば，冷凍室（$T_1 = -18$℃）に入れたらどうなるだろうか．そのときの無次元温度 θ は，

$$\theta = (6 + 18)/(24 + 18) = 0.57$$

となり，$\xi = 0$ で $\theta = 0.57$ となる無次元時間は，図 16.3 より $\phi = 0.17$ と読みとることができる．

したがって，缶ビール全体が 6℃ 以下になるまでの時間 t[s] は，

$$t = (0.035)^2 (0.17)/(1.5 \times 10^{-7}) = 1390 [\text{s}] \fallingdotseq 0.4 [\text{h}]$$

となって，約 23 分待てばおいしく飲むことができる．

ではここで，第 8 話と第 9 話を思い出しながら，次の演習にチャレンジしていただくことにしよう．ベッセル微分方程式とベッセル関数が，化学工学に関わる事象を解き明かすのに有用で大切だということがさらに理解できるだろう．

演習 16.3

　粒状の触媒を密に充てんした円筒型の反応器がある．この反応器の半径 r[m] 方向の触媒層温度 T[K] の分布は，時間が経っても変化しない（定常状態にある）とするなら

ば，次の微分方程式に基づいて求めることができる（第 8 話の式(8.10) を参照）．

$$k\left(\frac{d^2 T}{dr^2} + \frac{1}{r}\frac{dT}{dr}\right) = -R \tag{a}$$

ここで，$k[\mathrm{J/m \cdot s \cdot K}]$ は触媒層の熱伝導度，$R[\mathrm{J/m^3 \cdot s}]$ は熱の生成速度（発生熱量）である．

次の各問に順次答えていこう．

(1) 反応生成ガスの温度を $T_G[\mathrm{K}]$ とし，触媒層の単位体積・単位時間あたりの発熱量 $[\mathrm{J/m^3 \cdot s}]$ が $c_0 + c_1 T$（c_0, c_1 は定数）で表せるとしたとき，熱の生成速度は次式で与えられることを示してみよう（ただし，$h[\mathrm{J/m^2 \cdot s \cdot K}]$ は境膜伝熱係数，$a[\mathrm{m^2/m^3}]$ は比表面積（反応器の単位体積あたりの有効触媒表面積）である）．

$$R = (c_1 - ha)T + (c_0 + haT_G) \tag{b}$$

(2) 式(b) で与えられる熱の生成速度 R を式(a) に適用すると，次の微分方程式が得られる．

$$\frac{d^2 T}{dr^2} + \frac{1}{r}\frac{dT}{dr} + \frac{c_1 - ha}{k}T + \frac{c_0 + haT_G}{k} = 0 \tag{c}$$

ここで，次のような変数変換をする．

$$y = T + \frac{c_0 + haT_G}{c_1 - ha}, \quad x = r\sqrt{\frac{c_1 - ha}{k}} \tag{d}$$

そうすると，微分方程式(c) は次のベッセル微分方程式に書きかえられることを確かめてみよう．

$$\frac{d^2 y}{dx^2} + \frac{1}{x}\frac{dy}{dx} + y = 0 \tag{e}$$

(3) 上の (2) で得られた微分方程式(c) の一般解は，次式で与えられることを確かめていただきたい（ただし，C_1 と C_2 は任意定数）．

$$T = C_1 J_0\left(r\sqrt{\frac{c_1 - ha}{k}}\right) + C_2 Y_0\left(r\sqrt{\frac{c_1 - ha}{k}}\right) - \frac{c_0 + haT_G}{c_1 - ha} \tag{f}$$

(4) 境界条件を次のように設定する．

① $r = 0$（反応器の中心）のとき $dT/dr = 0$（r 方向の温度勾配が 0）

② $r = R_0$（反応器の表面）のとき $T = T_R$（反応器の表面温度）

そうすると，触媒層の温度分布 $T(r)$ は次式で表されることを確かめていただきたい．

$$T = \frac{J_0\{r\sqrt{(c_1 - ha)/k}\}}{J_0\{R_0\sqrt{(c_1 - ha)/k}\}}\left(T_R + \frac{c_0 + haT_G}{c_1 - ha}\right) - \frac{c_0 + haT_G}{c_1 - ha} \tag{g}$$

本話では，あまり見かけない複雑な数式を詳しい説明や証明もしないで記載してしまった．戸惑ったり理解し難かったりした箇所が多々あったことだと思う．ご容赦願いたい．

　ところで，球形物材内部の経時的な温度変化，たとえばスイカやメロンなどを冷蔵庫で冷やしたときの温度変化を求めるとなると，球座標系で表した一次元拡散方程式(16.2) を用いなければならない．

　その一次元拡散方程式を無次元化し，変数分離法を用いて解いていくときに出てくる二階微分方程式は，次のような斉次線形微分方程式になる．

$$\frac{d^2 f(\xi)}{d\xi^2} + \frac{2}{\xi}\frac{df(\xi)}{d\xi} + \lambda^2 f(\xi) = 0 \qquad (16.37)$$

　この斉次線形微分方程式(16.37) もやはり，円柱座標系の場合に導かれる式(16.26) と同じように，ベッセル微分方程式の変形なのである．ところが，微分項の係数が $1/\xi$ から $2/\xi$ になっただけなのに，標準形のベッセル微分方程式に直すのはかなり厄介だ．

　しかも，なんとか標準形のベッセル微分方程式にたどり着けても，そのあと一般解から特殊解を求めるのに，より高度な数学の知識（半整数のベッセル関数など）が必要になる．

　そのため，本書では球座標系の一次元拡散方程式の解法については割愛する．もし興味があれば，拙著『身近な移動現象のはなし』日刊工業新聞社(2011) の中で紹介してあるので，そちらを読んでいただきたい．

　なお，変数変換に工夫をして，斉次線形微分方程式(16.37) をベッセル微分方程式（の標準形）に直さない方法も考えられる．$f(\xi)\xi = y$ とおいて，この斉次線形微分方程式(16.37) を定数係数斉次線形二階微分方程式に変換する方法である（第9話で述べた「球形触媒内の濃度分布を求める微分方程式」が参考になる）．ただし，その方法については取り上げない．

第17話

拡散方程式 を数値計算に導く
差分方程式

　第13話から第16話にかけては，偏微分方程式（一次元拡散方程式ならびに一次元波動方程式）の解析的解法について，手近な事例を交えながら解説してきた．読了された読者，特に若手の技術者や研究者の多くは，「そんなに簡単ではなく，かなり面倒だなあ」という印象を持ったことだろう．

　その理由を私なりに察するならば，解析的解法では誤差関数やベッセル関数など高校の数学では見かけない関数が必要になるし，しかも一次元拡散方程式や一次元波動方程式の解析解の多くは無限級数で表されるので，その無限級数を数値的にさらに計算しないと，数値やグラフという具体的に見える形として，解の表現ができないからだろう．

　解析的解法とは別に，偏微分方程式を解く手段として差分方程式を利用する方法もある．偏導関数の差分近似に基づいて，偏微分方程式を差分方程式で表し，細かくきざんだ独立変数の値に対する従属変数の値つまり偏微分方程式の解を，代数計算（言葉をかえれば，数値計算）によって求める方法である．

　ここでは，熱伝導方程式（熱移動を表す一次元拡散方程式）を対象にして，シュミット（Schmidt）法と呼ばれる，最も単純かつ簡便な差分方程式による数値解法を取り上げることにしよう．

17.1 偏導関数の差分近似と差分式の表現

　導関数（正しくは微分係数）の差分近似については第7話で述べたが，偏導関数の差分近似もまったく同じ要領で求めることができる．

　二変数関数 $u = u(x, y)$ の一次偏導関数には $\partial u/\partial x$ と $\partial u/\partial y$ とがあるが，たとえば $\partial u/\partial y$ の「前進差分近似」は次式で与えられる．

$$\frac{\partial u}{\partial y} = \frac{u(x, y + \Delta y) - u(x, y)}{\Delta y} \tag{17.1}$$

　また，二次偏導関数には $\partial^2 u/\partial x^2$，$\partial^2 u/\partial y^2$，$\partial^2 u/(\partial x \partial y)$ がある．このうち，$\partial^2 u/\partial x^2$ と $\partial^2 u/\partial y^2$ の「中心差分近似」は次式で表される．

$$\frac{\partial^2 u}{\partial x^2} = \frac{u(x + \Delta x, y) - 2u(x, y) + u(x - \Delta x, y)}{(\Delta x)^2} \tag{17.2}$$

$$\frac{\partial^2 u}{\partial y^2} = \frac{u(x, y + \Delta y) - 2u(x, y) + u(x, y - \Delta y)}{(\Delta y)^2} \tag{17.3}$$

　これら差分近似の式（差分式）の表現を，平面上に細かくきざんだ格子点の値を用いて書きあらためることにしよう．そのほうがわかりやすく，次節以降の記述で納得できると思うが，数値計算には便利だからである．

　二次元平面の座標軸方向に，それぞれ一定間隔にきざんだ格子群をつくり（図17.1），それらの格子点 (x_i, y_j) における u の値を $u_{i,j} (= u(x_i, y_j))$ と表し，x 軸，y 軸方向の格子間隔（きざみ幅）をそれぞれ h, k とする．

$$x_{i+1} - x_i = h, \quad y_{j+1} - y_j = k \quad (i, j = 0, 1, 2, \cdots\cdots) \tag{17.4}$$

ここで，x_0, y_0 はある基準点の座標である．

　そうすると，差分式(17.1)～(17.3)はそれぞれ次式のように表現でき，着目点における偏微分の値（つまり偏微分係数）が近似計算できる．

$$\frac{\partial u}{\partial y} = \frac{u_{i,j+1} - u_{i,j}}{k} \tag{17.5}$$

$$\frac{\partial^2 u}{\partial x^2} = \frac{u_{i+1,j} - 2u_{i,j} + u_{i-1,j}}{h^2} \tag{17.6}$$

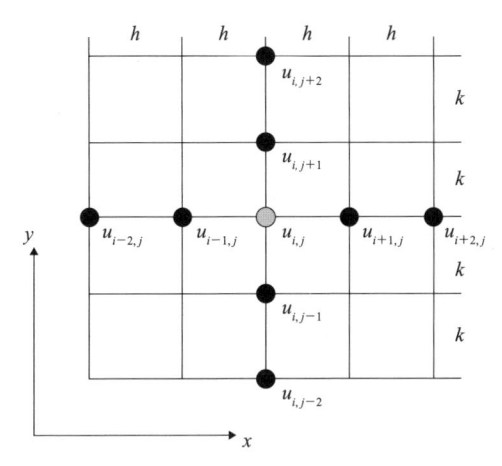

図17.1 差分式に対応する微小格子点

$$\frac{\partial^2 u}{\partial y^2} = \frac{u_{i,j+1} - 2u_{i,j} + u_{i,j-1}}{k^2} \tag{17.7}$$

17.2 差分方程式

直交座標系で表す半無次元化された熱伝導方程式は，第12話で示したとおり次式で与えられる．

$$\alpha \frac{\partial^2 u}{\partial x^2} = \frac{\partial u}{\partial t} \tag{17.8}$$

ただし，$u[-]$ は無次元温度 ($0 \leq u \leq 1$)，$x[\mathrm{m}]$ と $t[\mathrm{s}]$ は次元（つまり単位）を持ったままの距離と時間，また $\alpha[\mathrm{m}^2/\mathrm{s}]$ は熱拡散係数である．

ここで，y 軸方向（j 方向）を時間軸 t にとって，式(17.8)の左辺と右辺にそれぞれ式(17.6)と式(17.5)を用いると，熱伝導方程式(17.8)は次式で表される．

$$\alpha \frac{u_{i+1,j} - 2u_{i,j} + u_{i-1,j}}{h^2} = \frac{u_{i,j+1} - u_{i,j}}{k} \tag{17.9}$$

式(17.9)のように表した式を「差分方程式」といい，この差分方程式が偏微分方程式（熱伝導方程式(17.8)）を代数的つまり数値的に解く基礎式となる．

本書ではラプラス方程式の数値解法には踏み込まないが，参考までに，次に示すラプラス方程式（二次元定常式）の差分方程式を書いておこう．

$$\frac{\partial^2 u}{\partial x^2} + \frac{\partial^2 u}{\partial y^2} = 0 \tag{17.10}$$

ラプラス方程式(17.10)の左辺各項に式(17.6)と式(17.7)を用いると，次の差分方程式が得られる．

$$\frac{u_{i+1,j} - 2u_{i,j} + u_{i-1,j}}{h^2} + \frac{u_{i,j+1} - 2u_{i,j} + u_{i,j-1}}{k^2} = 0 \tag{17.11}$$

ここでもし，両座標の格子間隔（つまり差分間隔）が等しい（$k = h$）とするならば，差分方程式(17.11)は次のように簡単になる．

$$u_{i+1,j} + u_{i-1,j} + u_{i,j+1} + u_{i,j-1} - 4u_{i,j} = 0 \tag{17.12}$$

17.3　シュミット法による数値解法

熱伝導方程式(17.8)の差分方程式(17.9)を $u_{i,j+1}$ について解くと，次式が得られる．ただし $M = \alpha k/h^2$ であり，これを「モジュラス」という．

$$u_{i,j+1} = u_{i,j} + M(u_{i+1,j} - 2u_{i,j} + u_{i-1,j}) \tag{17.13}$$

式(17.13)は時間行 j における 3 個の u の値 $u_{i-1,j}$，$u_{i,j}$，$u_{i+1,j}$ から，時間が 1 ステップ進んだ時間行 $j+1$ における u の値 $u_{i,j+1}$ を計算する式であり，一般に「前進型解法公式」と呼ばれている．

なお当然のことだが，式(17.13)を用いて u の値を順次計算していくためには，初期条件（時間の始点 $t = 0$ における u の値 $u_{i,0}$）と境界条件（距離の始点 $x = 0$ と終点 $x = N$ における u の値 $u_{0,j}$ と $u_{N,j}$）を与えなければならない．

さて，前進型解法公式(17.13)において $M = 1/2$ とすれば，

$$u_{i,j+1} = \frac{u_{i+1,j} + u_{i-1,j}}{2} \tag{17.14}$$

が得られる．

この式(17.14)を用いる数値解法を「シュミット法」といい，それなりに欠点はあるが，直交座標系で表した熱伝導方程式を最も簡便に解く方法である（直

交座標系で表す他の一次元拡散方程式にも当然適用できる).

シュミット法による熱伝導方程式(17.8)の解法手順は次のとおりである.

① 距離軸のきざみ幅 h を与える（h を与えることによって，モジュラス $M = 1/2$ から時間軸のきざみ幅 k が自動的に決まってしまう）.

② 時間軸 $j = 0$ 行に初期条件を与える（$i = 0, 1, 2, \cdots\cdots$）.

③ 距離軸 i の始点（$i = 0$ 列）と終点（終点の格子番号を N とすれば $i = N$ 列）に境界条件を与える（$j = 0, 1, 2, \cdots\cdots$）.

④ $j = 1$ について各格子点の u の値を計算する（式(17.14) を用いる）.

⑤ $j = 2, 3, \cdots\cdots$ として，任意の計算回数までステップ④をくり返す.

演習 17.1

式(17.8) で表される半無次元化された熱伝導方程式

$$\alpha \frac{\partial^2 u}{\partial x^2} = \frac{\partial u}{\partial t}$$

において，二次偏導関数 $\partial^2 u/\partial x^2$ を時間行 j の値と新しい時間行 $j+1$ の値の平均（中心差分近似値の平均）として考え，$\partial u/\partial t$ に前進差分近似を適用すると，この熱伝導方程式は次の差分方程式で表されることを確かめてみよう.

$$-Mu_{i-1,j+1} + 2(1+M)u_{i,j+1} - Mu_{i+1,j+1} = Mu_{i-1,j} + 2(1-M)u_{i,j} + Mu_{i+1,j}$$

ただし，M はモジュラス（$= \alpha k/h^2$）である.

追記：この差分方程式は，時間行 j における u の値がわかったとして，時間行 $j+1$ における u の値を計算する「多元連立一次方程式」を表しており，式(17.13) のように，時間行 j における 3 個の u の値から時間行 $j+1$ における u の値を直接与える式ではない（なお，上で書いた差分方程式を用いる数値解法を「クランク-ニコルソン（Crank-Nicolson）法」という）.

■ 切り餅が焼けるまでの時間を計算する

第 14 話の後半を思い返していただきたい．冷蔵庫から取り出した厚さ $L = 0.02$ m の切り餅（温度 $T_0 = 4$ °C）を，前もって熱してあるオーブントースター（温度 $T_1 = 200$ °C）に入れ，餅の中心面（$L = 0.01$ m）が 100 °C（無次元温度で表せば 0.51）になるまでの時間を計算したところ，熱拡散係数を $\alpha = 8.3 \times$

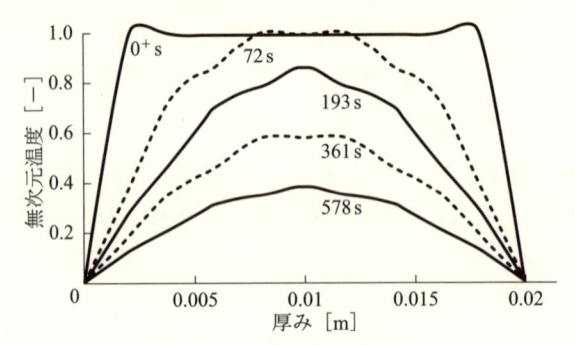

図17.2 切り餅内部の温度変化

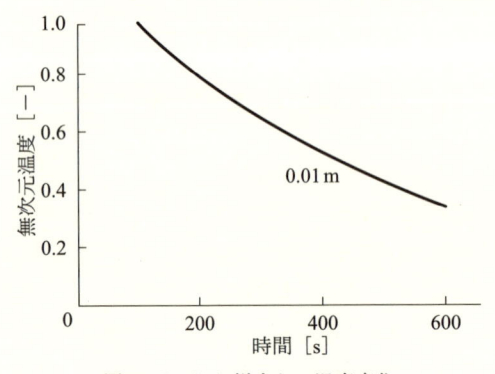

図17.3 切り餅中心の温度変化

10^{-8} m²/s とするならば，その時間は約 390 s（≒ 6.5 分）になった．

同じ条件を与えて，切り餅内部の温度変化をシュミット法（式(17.14)）で計算すると，図17.2と図17.3のようになる．"解析解（第14話で得られた）とシュミット法による数値解の結果は大体よく合っている"といえそうだ．

なお，シュミット法による数値計算は Excel 上でマクロを作成して実行したが，その内容については割愛する．もし関心があれば，拙著『化学工学のための数値計算』日刊工業新聞社（2010）を眺めていただきたい．

17.4　円柱座標系に対するシュミット法

円柱座標系で表す半無次元化された熱伝導方程式は，次式で与えられる（第12話を参照）．

$$\alpha\left(\frac{\partial^2 u}{\partial r^2} + \frac{1}{r}\frac{\partial u}{\partial r}\right) = \frac{\partial u}{\partial t} \tag{17.15}$$

ただし，直交座標系で表した熱伝導方程式(17.8)と同じく，$u[-]$は無次元温度であり，$r[\mathrm{m}]$と$t[\mathrm{s}]$はそれぞれ，単位を持ったままの距離（円柱の半径方向の距離）と時間，また$\alpha[\mathrm{m}^2/\mathrm{s}]$は熱拡散係数を示している．

さて，熱伝導方程式(17.15)をシュミット法で解くことにしよう．

ところが，式(17.8)と式(17.15)の"形"を見比べて合点がいくと思うが，式(17.15)にはシュミット法が直接適用できない．シュミット法を適用する（具体的には，モジュラスMを1/2とおいて，時間行$j+1$におけるuの値$u_{i,j+1}$が，時間行jのuの値$u_{i+1,j}$と$u_{i-1,j}$から求められるような差分方程式をつくる）には，式(17.15)を式(17.8)と似た形に変形する必要がある．

ならば，どんな形に変形するかというと，式(17.15)の左辺の（　）内を次のように書きかえるのである．

$$\frac{\partial^2 u}{\partial r^2} + \frac{1}{r}\frac{\partial u}{\partial r} = \frac{1}{r^2}\frac{\partial^2 u}{\partial(\ln r)^2} \tag{17.16}$$

式(17.16)がどのようにして導けるのか，微分操作の練習を兼ねて少し詳しく書いておこう．

式(17.16)の左辺の一次偏微分項は次のように表される．

$$\frac{\partial u}{\partial r} = \frac{\partial u}{\partial \ln r}\frac{\partial \ln r}{\partial r} = \frac{\partial u}{\partial \ln r}\frac{\mathrm{d}\ln r}{\mathrm{d}r}$$

$$= \frac{1}{r}\frac{\partial u}{\partial \ln r} \tag{17.17}$$

すると，式(17.16)の左辺の二次偏微分項は，

$$\frac{\partial^2 u}{\partial r^2} = \frac{\partial}{\partial r}\left(\frac{\partial u}{\partial r}\right) = \frac{\partial}{\partial \ln r}\left(\frac{1}{r}\frac{\partial u}{\partial \ln r}\right)\frac{\mathrm{d}\ln r}{\mathrm{d}r} = \frac{\partial}{\partial \ln r}\left(\frac{1}{r^2}\frac{\partial u}{\partial \ln r}\right)$$

$$
\begin{aligned}
&= \frac{\partial}{\partial \ln r}\left(\frac{1}{r^2}\right)\frac{\partial u}{\partial \ln r} + \frac{1}{r^2}\frac{\partial^2 u}{\partial (\ln r)^2} \\
&= \frac{\mathrm{d}}{\mathrm{d}\ln r}\left(\frac{1}{r^2}\right)\frac{\partial u}{\partial \ln r} + \frac{1}{r^2}\frac{\partial^2 u}{\partial (\ln r)^2} \\
&= \frac{\mathrm{d}}{(1/r)\mathrm{d}r}\left(\frac{1}{r^2}\right)\frac{\partial u}{\partial \ln r} + \frac{1}{r^2}\frac{\partial^2 u}{\partial (\ln r)^2} \\
&= \frac{\mathrm{d}}{\mathrm{d}r}\left(\frac{1}{r}\right)\frac{\partial u}{\partial \ln r} + \frac{1}{r^2}\frac{\partial^2 u}{\partial (\ln r)^2} \\
&= -\frac{1}{r^2}\frac{\partial u}{\partial \ln r} + \frac{1}{r^2}\frac{\partial^2 u}{\partial (\ln r)^2} \tag{17.18}
\end{aligned}
$$

となり, 式(17.17) と式(17.18) より等式(17.16) が得られるのである.

結果として, 円柱座標系で表す半無次元化された熱伝導方程式(17.15) は,

$$
\frac{\alpha}{r^2}\frac{\partial^2 u}{\partial (\ln r)^2} = \frac{\partial u}{\partial t} \tag{17.19}
$$

のように書きかえられて式(17.8) と類似の式になり, シュミット法につながる差分方程式をつくることができる.

では, 熱伝導方程式(17.19) の差分方程式をつくることにするが, 差分方程式をつくるにあたっては, 無次元温度 u は変数 $\ln r$ と変数 t の関数(すなわち $u = u(\ln r, t)$)だ, ということを念頭におきながら作業を進めることにしよう.

まず, $\Delta r = h$ とおき,「中心差分近似」を使って式(17.19) の左辺の二次偏微分項を差分で表現する(少し面倒だが, 第7話で述べた二次微分係数の中心差分近似を求める要領に従う). ただし, 式の表示を見やすくするために, 変数 t を省略して書くことにする(たとえば, $u(\ln r, t)$ を $u(\ln r)$ とする).

$$
\begin{aligned}
\frac{\partial^2 u}{\partial (\ln r)^2} &= \frac{\partial}{\partial \ln r}\left(\frac{\partial u}{\partial \ln r}\right) \\
&= \frac{\partial}{\partial \ln r}\left[\frac{u\{\ln (r+h)\} - u\{\ln (r-h)\}}{\ln (r+h) - \ln (r-h)}\right] \\
&= \frac{1}{\ln (r+h) - \ln (r-h)}
\end{aligned}
$$

$$\times \left[\frac{\partial u\{\ln{(r+h)}\}}{\partial \ln{r}} - \frac{\partial u\{\ln{(r-h)}\}}{\partial \ln{r}}\right]$$

$$= \frac{\left[\dfrac{u\{\ln{(r+2h)}\} - u(\ln{r})}{\ln{(r+h)} - \ln{(r-h)}} - \dfrac{u(\ln{r}) - u\{\ln{(r-2h)}\}}{\ln{(r+h)} - \ln{(r-h)}}\right]}{\ln{(r+h)} - \ln{(r-h)}}$$

(17.20)

ここで，分割区間を半分 $(2h \to h)$ にして，さらに $u\{\ln{(r+h)}\} = u_{i+1,j}$, $u(\ln{r}) = u_{i,j}$, $u\{\ln{(r-h)}\} = u_{i-1,j}$ とおけば，式(17.20) は次式となる．

$$\frac{\partial^2 u}{\partial (\ln{r})^2} = \frac{\left[\dfrac{u\{\ln{(r+h)}\} - u(\ln{r})}{\ln{(r+h)} - \ln{r}} - \dfrac{u(\ln{r}) - u\{\ln{(r-h)}\}}{\ln{r} - \ln{(r-h)}}\right]}{\dfrac{\ln{(r+h)} - \ln{(r-h)}}{2}}$$

$$= \frac{2}{\ln{(r+h)} - \ln{(r-h)}}$$

$$\times \left\{\frac{u_{i+1,j} - u_{i,j}}{\ln{(r+h)} - \ln{r}} - \frac{u_{i,j} - u_{i-1,j}}{\ln{r} - \ln{(r-h)}}\right\} \quad (17.21)$$

一方，$\Delta t = k$ とおいて，式(17.19) の右辺を前進差分近似で表現すれば，次のようになる．

$$\frac{\partial u}{\partial t} = \frac{u_{i,j+1} - u_{i,j}}{k} \tag{17.22}$$

差分式(17.21) と (17.22) を熱伝導方程式(17.19) に適用して整理すると，次式が得られる．

$$\frac{2\alpha k}{r^2\{\ln{(r+h)} - \ln{r}\}\{\ln{r} - \ln{(r-h)}\}}$$

$$\times \left[\frac{\{\ln{r} - \ln{(r-h)}\}u_{i+1,j} + \{\ln{(r+h)} - \ln{r}\}u_{i-1,j}}{\ln{(r+h)} - \ln{(r-h)}} - u_{i,j}\right]$$

$$= u_{i,j+1} - u_{i,j} \tag{17.23}$$

ここで，$\dfrac{d\ln{r}}{dr} = \dfrac{1}{r}$ だから $\dfrac{\Delta \ln{r}}{\Delta r} = \dfrac{1}{r}$ より，$r\Delta \ln{r} = \Delta r$ と書くことができるので，

$$r^2\{\ln{(r+h)} - \ln{r}\}\{\ln{r} - \ln{(r-h)}\} = (\Delta r)^2 = h^2$$

となり，直交座標系のときと同じように，$\alpha k/h^2$（モジュラス）を $1/2$ とおけば，式(17.23) は次式で表せる．

$$u_{i,j+1} = \frac{\{\ln r - \ln (r-h)\}u_{i+1,j} + \{\ln (r+h) - \ln r\}u_{i-1,j}}{\ln (r+h) - \ln (r-h)}$$

(17.24)

式(17.24) は，直交座標系に対するシュミット法（式(17.14)）に対応している．ただし，直交座標系における $u_{i,j+1}$ は $u_{i+1,j}$ と $u_{i-1,j}$ の値を1対1に分けた値であるのに対し，円柱座標系に対する式(17.24) では，$u_{i,j+1}$ は $u_{i+1,j}$ と $u_{i-1,j}$ の値を $\{\ln r - \ln (r-h)\}$ 対 $\{\ln (r+h) - \ln r\}$ の比に分けた値になっている．なおここで，式(17.24) を用いる数値解法を「変形シュミット法」と呼んでおこう．

■ 缶ビールが冷えるまでの時間を計算する

缶ビール（$T_0 = 24℃$）を冷凍室（$T_1 = -18℃$）に入れたときの冷え具合を変形シュミット法で計算してみることにしよう．

缶ビールの径（直径）を $0.07\,\mathrm{m}$，熱拡散係数を $\alpha = 1.5 \times 10^{-7}\,\mathrm{m^2/s}$ とし，変形シュミット法を適用して数値計算すると，缶ビールの内部温度と中心部温度の経時変化は図17.4 と図17.5 のようになる．

この結果から，缶ビールの中心部が $6℃$（無次元温度 $= (6+18)/(24+18) = 0.57$）に達するまでの時間は約21分だということがわかる．

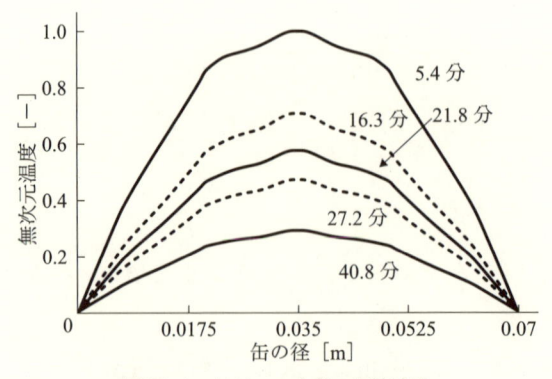

図17.4　缶ビール内部の温度変化

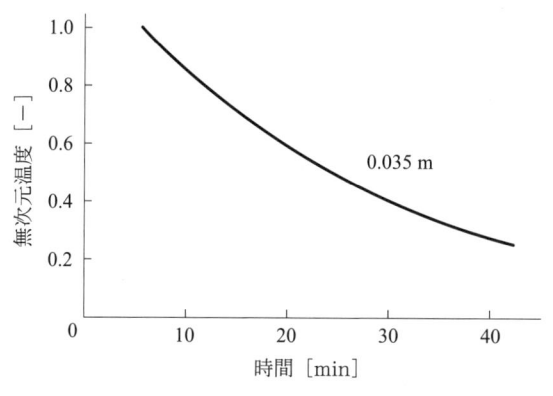

図17.5 缶ビール中心部の温度変化

　ベッセル関数を用いた解析解に基づく計算では，缶ビールを冷凍室に入れると約23分で6℃に達するという結果が得られている（第16話の後半を見ていただこう）．変形シュミット法による数値計算の結果（約21分）は，缶の径のきざみ幅にも影響するが，解析解から計算される時間（約23分）とよく一致していると見るべきか，あまり合っていないと考えるべきなのか．その判断は読者に任せることにしたい．

最終話

数学の**厳密さ**と
グレーゾーンのある化学工学

ここまで，化学工学と数学が密接な関係にあることを事例を交えて述べてきたが，数学が"化学工学を深く理解し広く活用するための大切な学問であり道具"であることを説いてくださったのは，平田光穂先生（東京都立大学——現首都大学東京——名誉教授．故人）であり，先生からはまた，数学の不思議さと面白さも教えていただいた．その一端などを披露して，本書の締めくくりとしたい．

■ 数値の複雑さと関数の値の簡単さ

円周率 π と自然対数の底 e は，数学でも化学工学でも多くの場面で用いられている，「数学定数」と呼んでもいいようなものである．それらの値は，

$\pi = 3.1415926536\cdots\cdots$

$e = 2.7182818285\cdots\cdots$

のように循環しない小数部分を持った無理数であり，何百桁も計算されていて，どちらも次のように無限級数から数値計算によって求めることができる（平田光穂著『化学技術者のための数学』科学技術社（1958）より）．

円周率 π のほうはたとえば，$\tan^{-1} x$ のマクローリン展開（第7話を参照）

$$\tan^{-1} x = x - \frac{x^3}{3} + \frac{x^5}{5} - \cdots + (-1)^n \frac{x^{2n+1}}{2n+1} + \cdots$$

を利用して，$\dfrac{\pi}{4} = \tan^{-1} \dfrac{1}{2} + \tan^{-1} \dfrac{1}{3}$ なる関係式から計算できる．

また自然対数の底 e のほうは，e^x のマクローリン展開

$$e^x = 1 + \frac{x}{1!} + \frac{x^2}{2!} + \frac{x^3}{3!} + \cdots = \sum_{n=0}^{\infty} \frac{x^n}{n!}$$

を利用して，$e = \sum_{n=0}^{\infty} \dfrac{1}{n!}$ なる式から計算される．

後者の e では，$1/10! = 0.000\,000\,275\cdots$ だから，10 項まで計算すれば小数点以下 6 桁までは大体正確だ．

そのほか，よく使われる常用対数と自然対数との変換係数は，

$$\log_e 10 = \ln 10 = \ln(9+1) = \ln 9 + \ln\left(1 + \frac{1}{9}\right)$$

$$= \ln 8 + \ln\left(1 + \frac{1}{8}\right) + \ln\left(1 + \frac{1}{9}\right)$$

なる関係式をさらに展開して $2.302\,585\,0930\cdots$ のように計算される．そして $\log_{10} e$ はその逆数だから，$0.434\,294\,481\,9\cdots$ という値になる．

このような数値の複雑さと，$\sin(\pi/2) = 1$ や $d\ln x/dx = 1/x$ などのような関数の値の簡単さとを思い合わせると，少し不思議な気がする．

■ 十分大きいことと無限大とは違う

理想気体とは，"体積のない分子どうしが互いになんら作用し合うこともなく，広い空間を自由に飛びまわる仮想的な気体"である．これはご存知の理想気体の定義であり，気体の圧力を P，温度を T，気体 1 mol が占める体積（気体の飛びまわる空間）を V とするならば，理想気体の状態方程式は，これもご存知の次式で表される．

$$PV = RT \quad (R \text{ は気体定数})$$

ところが，私たちが実際に扱う実在の気体分子には体積があり，しかも分子どうしの間には相互作用が働いているので，実在気体の状態は理想気体を仮想して表した状態方程式からのズレが生じる．そのため実在気体を表現する場合

は，そのズレを理論的に修正した次のファン・デル・ワールス（Van der Waals）状態方程式がよく用いられる．

$$\left(P + \frac{a}{V^2}\right)(V - b) = RT \quad (a, b は定数)$$

ここで，体積 V が十分に大きくなる（気体の飛びまわれる空間が非常に広くなる）と，$a/V^2 \to 0$，$V - b \to V$ となるので，ファン・デル・ワールス状態方程式は理想気体の状態方程式に近づく．

というような内容を，ある大学で講義していたところ，学生からこんな質問を受けた．「V が十分に大きいということは，$V \to \infty$（無限大）だと考えてもよいから，$V - b \to \infty$ になるんじゃないですか」

数学で習う極限値の概念に従うならば，"無限大 $-$ 有限の値 = 無限大"だから，そのとおりである．だがしかし，「V が十分に大きくなるといっても，それはあくまでも気体の飛びまわれる有限の領域内でのことだから $V \gg b$ と考えるべきであって，$V - b \to V$ になる」と返答した．数学の概念を単純に厳密かつ形式的に当てはめるのではなく，まずは，自然科学の事象を現実に沿って考えてみることが工学を学ぶ者としての基本中の基本である，ということを忘れないでほしいと思いながら．

■ 数学にはグレーゾーンがない

蒸留理論の解析の際に適用される全還流とは，"連続蒸留塔の塔頂から出てきた蒸気をすべて液体にしてもとの塔頂に戻す操作"をいい，この概念に基づいて，連続蒸留塔の最小理論段数を求める「フェンスケ（Fenske）の式」が導かれる．

"せっかく分離できた貴重な産物を取り出さない蒸留操作なんて……"，実用的には蒸留塔の定常運転にいたる重要な中間操作なのだが，考え方の面で私にはいまだになんとなく釈然としないところもある．その全還流の理論的な意味と扱い方を，平田光穂先生の解釈をベースにして示してみよう（平田光穂著『多成分系の蒸留』科学技術社（1955））．

連続蒸留塔の物質収支は次式で表される（図 18.1 の左図を参照）．

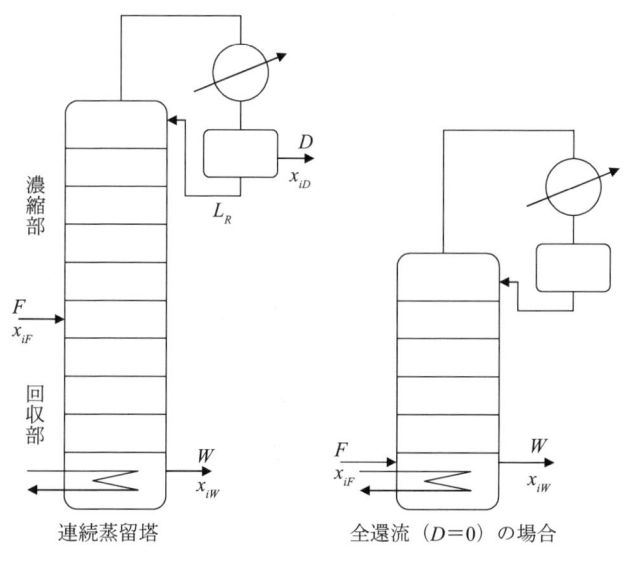

図18.1 連続蒸留

塔全体について：$F = D + W$ (18.1)

各成分について：$Fx_{iF} = Dx_{iD} + Wx_{iW}$ (18.2)

ここで，F, D, W はそれぞれ原料量，留出量，缶出量であり，単位についてはこだわらないが [mol/s] とし，また x_{iF}, x_{iD}, x_{iW} はそれぞれ原料，留出物，缶出物中の成分 i の組成で，単位は [mol 分率] としよう．

上で述べた全還流の定義に従えば $D = 0$ であるから，式(18.1) より $F = W$，また式(18.2) より $Fx_{iF} = Wx_{iW}$ となって，したがって $x_{iF} = x_{iW}$ となり，この関係は任意の成分に対して成り立つ．よって全還流（塔頂から留出させない）操作では，原料は"そっくりそのまま塔底から出ていく"ことになり，これでは連続蒸留塔の回収部はなんのためにあるのかわからない．

少し見方を変えていえば，この場合は図 18.1 の右図に示すような濃縮部だけの，より段数の少ない塔と同等であり，しかも，回分蒸留塔で全還流操作を行って定常状態に達した場合と，分離という点では実質的に同じことになる．つまり，全還流で定常状態にある連続蒸留塔は，連続蒸留塔としての体をなさ

ないことになってしまう．

そんなことだから連続蒸留塔においては，全還流という概念を次のように考えるのが合理的だろう．すなわち全還流とは，蒸留塔の塔頂から留出物をまったく取り出さないのではなく，留出量 D が還流量 L_R[mol/s] に比べて"無視し得る程度に小さい"という場合であって，それと同時に原料量 F も缶出量 W も L_R に比べて"無視し得るほど小さくなっている"と考えるのである．

そうすれば，わずかながらも連続蒸留が行われていて，濃縮部らしいものもあれば回収部らしいものもあり，しかも塔内の状態は実質的に全還流の場合とみなすことができる．

全還流の状態は"D も W も F も L_R に比べて無視できる程度に小さい場合の蒸留である"ということで，納得できる．だが，無視できる程度に小さい量を数学的に扱うにはどうすればいいのか．

数学の世界には化学工学のようにグレーゾーンの表記法がないので，全還流における計算（いいかえれば，フェンスケの式の導出）をするとなると，無視できる程度に小さい量 D, W, F を，$D = W = F = 0$ とおく以外にない．とすれば，物質収支の式(18.1)と式(18.2)はなんら役に立たないことになり，議論はこれ以上進展しないことになる．

ならばどのように対応するかということになるのだが，そこはうまくしたもので，"還流量 L_R は有限の値"と考えているから，蒸留塔の中では液はしっかり流れ落ちていて，液が流れ落ちるには蒸気が立ち昇らなければならないから，蒸留塔内では有限の（量的に意味のある）物質収支が成り立っていることになる．よって，目標とする留出物（塔頂）と缶出物（塔底）の組成を与えてやれば，全還流の状態であっても塔内の組成変化が計算できて，周知の「フェンスケの式」が導けるのである（導き方は省略しよう）．

▣ 数値積分と微分方程式の数値解法を復習する

化学工学では，与えられた関数の積分値を計算しなければならない場面にたびたび遭遇する．たとえば，吸収塔の移動単位数，吸着塔の吸着帯長さ，単蒸留の残留液量，反応管の長さ，などである．

関数の形が単純ならば積分値は解析的に求められるが，複雑になると数値的

に計算（数値積分）しなければならなくなる．そして数値積分には，簡便かつ精度の高い「シンプソン（Simpson）法」がよく使われる．

他方，化学工学のあらゆる分野で微分方程式が現れ，その解そのものが必要になる場面もしばしばある．回分反応器の成分濃度変化，半回分反応器の残存原料量，触媒反応器の温度分布，などである．

微分方程式の計算においても，式の形が単純ならば解析解が得られるが，複雑になるとやはり数値的な計算（数値解法）に頼らなければならなくなり，その方法として精度の高い「ルンゲ-クッタ（Runge-Kutta）法」がよく利用される．

積分値を数値的に計算するシンプソン法と微分方程式の数値解を求めるルンゲ-クッタ法とは，一見まったく無関係なように思われるが，実は両者は深く関係している．それを次項に説明するが，まずはシンプソン法とルンゲ-クッタ法を簡単におさらいすることにしよう．

〈シンプソン法〉

関数 $y = f(x)$ があり，積分区間 $[a, b]$ で $f(x) \geqq 0$ とする．この積分区間を $2n$ 等分したきざみ幅を $h(= (b-a)/2n)$ とし，各分点を次のようにおく．

$$x_0(=a), x_1, x_2, \cdots\cdots, x_{2i}, x_{2i+1}, x_{2i+2}, \cdots\cdots, x_{2n}(=b)$$
$$(i = 0, 1, 2, \cdots\cdots, n-1)$$

分点 $x_{2i}, x_{2i+1}, x_{2i+2}$ における曲線 $y = f(x)$ 上の点を $P_{2i}, P_{2i+1}, P_{2i+2}$ とおいて（図18.2），この3点を通る放物線を考えれば，放物線と二つの直線 $x = x_{2i}$

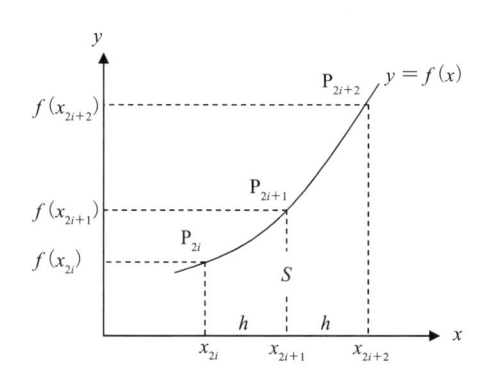

図18.2 シンプソン法

と $x = x_{2i+2}$ で囲まれた部分の面積 S は次式(18.3)で与えられる（高校の数学を思い出していただきたい）．この式を「シンプソンの積分式」という．

$$S = \int_{x_{2i}}^{x_{2i+2}} f(x)\mathrm{d}x = \frac{h}{3}\{f(x_{2i}) + 4f(x_{2i+1}) + f(x_{2i+2})\} \qquad (18.3)$$

式(18.3)をすべての i に対して加えると次式が得られる．

$$\int_a^b f(x)\mathrm{d}x = \frac{h}{3}\left\{f(x_0) + 4\sum_{i=0}^{n-1} f(x_{2i+1}) + 2\sum_{i=0}^{n-2} f(x_{2i+2}) + f(x_{2n})\right\} \qquad (18.4)$$

式(18.4)を用いる数値積分を「シンプソン法」と呼んでいる．

〈ルンゲ-クッタ法〉

微分方程式 $\mathrm{d}y/\mathrm{d}x = f(x,y)$ の数値解 $y = y(x)$ を求めるために，x の増分に対応する y の増分を直接計算できるようにしたのが「ルンゲ-クッタの公式」であり，その公式を用いる数値解法が「ルンゲ-クッタ法」である．

ルンゲ-クッタの公式の導き方はかなり難解で，書き出すと紙幅が増えるので省略し，ルンゲ-クッタ法の結論だけを書くことにする．

変数 x のきざみ幅（増分）を h とすると，$x_{i+1} (= x_i + h)$ に対する y_{i+1} の値は次式で求められる（$i = 0, 1, 2, \cdots$）．

$$y_{i+1} = y_i + \frac{1}{6}(k_1 + 2k_2 + 2k_3 + k_4) \qquad (18.5)$$

ただし，係数（y の増分）k_1, k_2, k_3, k_4 は次式から求める．

$$k_1 = hf(x_i, y_i) \qquad (18.6)$$

$$k_2 = hf\left(x_i + \frac{h}{2}, y_i + \frac{k_1}{2}\right) \qquad (18.7)$$

$$k_3 = hf\left(x_i + \frac{h}{2}, y_i + \frac{k_2}{2}\right) \qquad (18.8)$$

$$k_4 = hf(x_i + h, y_i + k_3) \qquad (18.9)$$

そうすれば，微分方程式 $\mathrm{d}y/\mathrm{d}x = f(x,y)$ の初期値を「$x = x_0$ のとき $y = y_0$」として，式(18.5)～(18.9)をくり返し計算することにより，$x_1, x_2, x_3, \cdots$ に対応する y の値 $y_1, y_2, y_3, \cdots$ を順次求めることができる．その結果，目的と

図18.3 ルンゲ-クッタ法

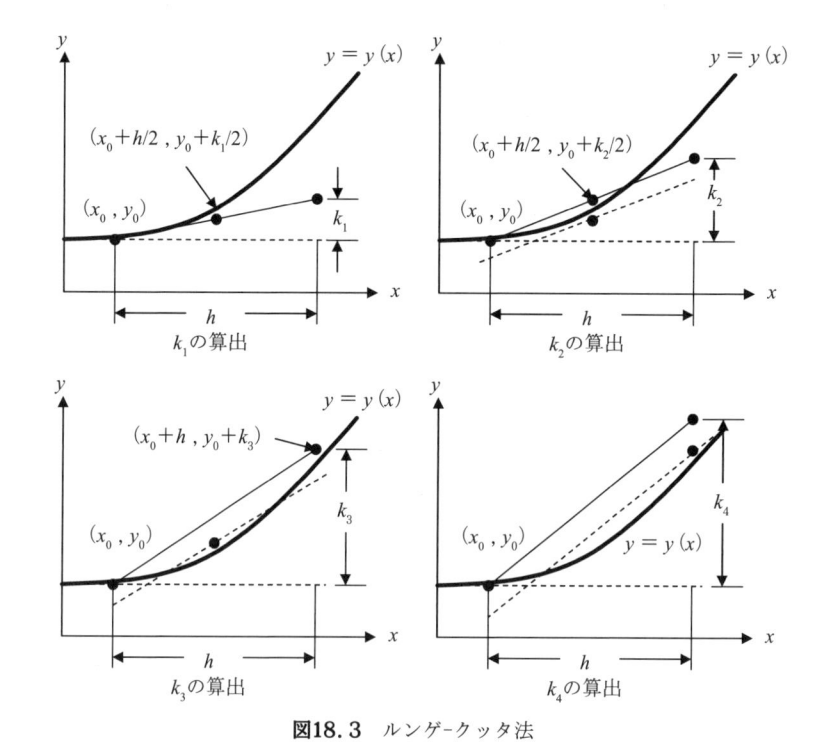

する積分曲線（つまり微分方程式の解）が得られる．

なお，ここでの主旨とは直接関係しないが，参考までに，式(18.6)〜(18.9)に書いた y の増分 k_1〜k_4 の図形的意味を図 18.3 に示しておこう（図では初期値 x_0, y_0 に対する増分を示している）．ただし，図の解釈は読者に任せることにする．

■ シンプソン法とルンゲ-クッタ法の着地点は同じ

シンプソンの積分式とルンゲ-クッタの公式の対応関係が容易にわかるように，シンプソンの積分式(18.3)を書きかえることにしよう．

$$\int_{x_{2i}}^{x_{2i+2}} f(x)\mathrm{d}x = \int_{x_{2i}}^{x_{2i}+2h} f(x)\mathrm{d}x$$

$$= \frac{h}{3}\{f(x_{2i}) + 4f(x_{2i+1}) + f(x_{2i+2})\}$$

$$= \frac{h}{3}\{f(x_{2i}) + 4f(x_{2i} + h) + f(x_{2i} + 2h)\} \quad (18.10)$$

ここで x_{2i} を x_i におきかえれば，式(18.10) は次のように書ける．

$$\int_{x_i}^{x_i+2h} f(x)\mathrm{d}x = \frac{h}{3}\{f(x_i) + 4f(x_i + h) + f(x_i + 2h)\} \quad (18.11)$$

他方，微分方程式 $\mathrm{d}y/\mathrm{d}x = f(x, y)$ の右辺が x だけの関数，すなわち $\mathrm{d}y/\mathrm{d}x = f(x)$ であると考えれば，ルンゲ-クッタの公式における係数 $k_1 \sim k_4$ は次のようになる．

$$k_1 = hf(x_i), \quad k_2 = hf\left(x_i + \frac{h}{2}\right), \quad k_3 = hf\left(x_i + \frac{h}{2}\right), \quad k_4 = hf(x_i + h)$$

これらを式(18.5) に代入すると次式が得られる．

$$y_{i+1} - y_i = \frac{h}{6}\left\{f(x_i) + 2f\left(x_i + \frac{h}{2}\right) + 2f\left(x_i + \frac{h}{2}\right) + f(x_i + h)\right\}$$

$$= \frac{h}{6}\left\{f(x_i) + 4f\left(x_i + \frac{h}{2}\right) + f(x_i + h)\right\} \quad (18.12)$$

ここで $h/2$ を h におきかえると，式(18.12) は次のように書ける．

$$y_{i+1} - y_i = \frac{h}{3}\{f(x_i) + 4f(x_i + h) + f(x_i + 2h)\} \quad (18.13)$$

そして，微分方程式 $\dfrac{\mathrm{d}y}{\mathrm{d}x} = f(x)$ の解（つまり積分曲線）は $y = \int f(x)\mathrm{d}x$ だから，

$$\int_{x_i}^{x_i+2h} f(x)\mathrm{d}x = y_{i+1} - y_i$$

と表すことができて，式(18.11) と式(18.13) は一致する．

この意味するところは，"微分方程式が $\mathrm{d}y/\mathrm{d}x = f(x)$ の場合には，ルンゲ-クッタの公式はシンプソンの積分式に帰着する"ということである．まったく異なる発想から生まれた二つの公式の着地点が同じになるとは，なかなか興味深いことだ（参考：Mickley ほか著，平田光穂監訳『化学技術者のための応用数学』丸善（1968））．

最後の最後まで，数式を書き並べてしまった．数学が嫌いな人，数式に馴染むことができない人には耐えられなかったのではなかろうか．

ある私立大学の化学工学系の先生曰く，「化学工学を教えるときに，数式（つまり数学）を交えると学生たちが拒絶反応を示す．したがって，数式を用いないで化学工学を理解させる工夫が教える側としての課題である」と．

たしかに，化学工学という学問に興味を持ってもらう第一歩は，身近な事柄を題材にして化学工学の原理・現象を視覚・感覚的に教えることかもしれない．だがそれだけでは，大学の専門教科としてはきわめて不十分であって，化学工学の本当の面白さも実学としての大切さも，また数式を扱うことによる具現化・具象化の楽しさと難しさも伝わらないのではないか．それにもまして，数学を使わない化学工学を教授していたのでは，将来を担う化学技術者や研究者が育たないのではないだろうかと危惧してしまう（化学工学を単なる一般教養として教え，そして学ぶだけならそれでもいいが）．

化学工学の基礎となる学問は物理学と化学であり，物理学の大半は数学で構築されている．したがって，化学工学を真に理解して実際問題に活用するためには，数学の知識とその利用が不可欠である．

演 習 解 答

1.1

(1) $\dfrac{x^2+1}{x^3}$ (2) $\dfrac{x-1}{x}$

(3) $\dfrac{x^3-2x}{x^4-3x^2+1}$

2.1

(1) $y=x^2 \ (x \leqq 0)$
(2) $y=x^2-2 \ (x \geqq 0)$
(3) $y=-\dfrac{x+1}{x-1}$
(4) $y=\dfrac{-5}{x+4}+2 \ (x<-4)$

3.1

(1) $a=4, b=6, c=4, d=1$
(2) $a=1, b=4, c=7, d=10$
(3) $a=3, b=-2, c=1, d=-1$

3.2

圧力損失 $\Delta P/L$ は，次の関係式で表される．
$$\dfrac{\Delta P}{L} = KD^a u^b \rho^c \mu^d$$
この関係式を次元式で書けば，次式となる．
$[\mathrm{ML^{-2}T^{-2}}]$
$= [-][\mathrm{L}]^a[\mathrm{LT^{-1}}]^b[\mathrm{ML^{-3}}]^c[\mathrm{ML^{-1}T^{-1}}]^d$
この次元式より，未知数を a,b,c,d とする未定方程式をつくって解けば，$a=-1-d$, $b=2-d$, $c=1-d$ となるので，次式が導けて求めたい式が得られる．
$$\dfrac{\Delta P}{L} = K\left(\dfrac{\rho u^2}{D}\right)\left(\dfrac{\mu}{Du\rho}\right)^d$$

4.1

(1) $\begin{pmatrix} 1 & 2 \\ 3 & 6 \end{pmatrix} \Rightarrow \begin{pmatrix} 1 & 2 \\ 0 & 0 \end{pmatrix}$ ∴ 階数 1

(2) $\begin{pmatrix} 1 & 2 & 0 \\ 3 & 7 & -1 \\ 2 & 1 & 1 \end{pmatrix} \Rightarrow \sim$

$\Rightarrow \begin{pmatrix} 1 & 2 & 0 \\ 0 & 1 & -1 \\ 0 & 0 & -1 \end{pmatrix}$ ∴ 階数 3

(3) $\begin{pmatrix} 1 & 2 & 0 & 3 \\ 2 & 5 & -1 & 8 \\ 2 & 2 & 2 & 3 \end{pmatrix} \Rightarrow \sim$

$\Rightarrow \begin{pmatrix} 1 & 2 & 0 & 3 \\ 0 & 1 & -1 & 2 \\ 0 & 0 & 0 & 1 \end{pmatrix}$ ∴ 階数 3

4.2

与えられた量論式を代数式で表す．

$-4A_1 - 5A_2 + 0A_3 + 6A_4 + 0A_5 + 4A_6 = 0$
$-4A_1 - 3A_2 + 2A_3 + 6A_4 + 0A_5 + 0A_6 = 0$
$-4A_1 + 0A_2 + 5A_3 + 6A_4 + 0A_5 - 6A_6 = 0$
$0A_1 - 1A_2 + 0A_3 + 0A_4 + 2A_5 - 2A_6 = 0$
$0A_1 + 1A_2 + 1A_3 + 0A_4 + 0A_5 - 2A_6 = 0$
$0A_1 - 2A_2 - 1A_3 + 0A_4 + 2A_5 + 0A_6 = 0$

この代数式の係数行列に行基本変形を行う（各列は，順に $A_1, A_2, \ldots, A_6$ を表す）．

$$\begin{pmatrix} -4 & -5 & 0 & 6 & 0 & 4 \\ -4 & -3 & 2 & 6 & 0 & 0 \\ -4 & 0 & 5 & 6 & 0 & -6 \\ 0 & -1 & 0 & 0 & 2 & -2 \\ 0 & 1 & 1 & 0 & 0 & -2 \\ 0 & -2 & -1 & 0 & 2 & 0 \end{pmatrix} \Rightarrow \sim$$

$$\Rightarrow \begin{pmatrix} -4 & -5 & 0 & 6 & 0 & 4 \\ 0 & -1 & -1 & 0 & 0 & 2 \\ 0 & 0 & 0 & 0 & 0 & 0 \\ 0 & -1 & 0 & 0 & 2 & -2 \\ 0 & 0 & 0 & 0 & 0 & 0 \\ 0 & 0 & 0 & 0 & 0 & 0 \end{pmatrix}$$

よって,与えられた量論式の1番目,2番目,4番目の式が独立である.

4.3

(1) $|A| = \begin{vmatrix} 1 & 1 \\ 2 & -1 \end{vmatrix} = -3$

$\Delta_1 = \begin{vmatrix} 4 & 1 \\ 5 & -1 \end{vmatrix} = -9 \quad \Delta_2 = \begin{vmatrix} 1 & 4 \\ 2 & 5 \end{vmatrix} = -3$

$\therefore x_1 = (-9)/(-3) = 3$

$x_2 = (-3)/(-3) = 1$

(2) $|A| = \begin{vmatrix} 1 & 1 & -2 \\ 1 & -2 & 1 \\ 2 & 1 & -1 \end{vmatrix}$

$= (-1)^2(1)\begin{vmatrix} -2 & 1 \\ 1 & -1 \end{vmatrix}$

$\quad + (-1)^3(1)\begin{vmatrix} 1 & 1 \\ 2 & -1 \end{vmatrix}$

$\quad + (-1)^4(-2)\begin{vmatrix} 1 & -2 \\ 2 & 1 \end{vmatrix}$

$= -6$

$\Delta_1 = -12 \quad \Delta_2 = 6 \quad \Delta_3 = -12$

$\therefore x_1 = (-12)/(-6) = 2$

$x_2 = 6/(-6) = -1$

$x_3 = (-12)/(-6) = 2$

5.1

(1) $dz = (2x+y)dx + (x-2y)dy$

(2) $dz = \dfrac{1}{5x^2+y^4}(10x\,dx + 4y^3\,dy)$

(3) $dz = 2\cos(2x+y)dx$

$\quad + \cos(2x+y)dy$

5.2

U は V と T の二変数関数だと考えているから,C_V の表記は微分ではなく下記のように偏微分に書き直さなければならない.

$$C_V = \left(\frac{\partial U}{\partial T}\right)_V$$

そうすると,U の全微分 dU は C_V を用いて次式で表される.

$$dU = \left(\frac{\partial U}{\partial T}\right)_V dT + \left(\frac{\partial U}{\partial V}\right)_T dV$$

$$= C_V dT + \left(\frac{\partial U}{\partial V}\right)_T dV$$

上の式を本文の式(5.16)に適用すると,

$$\delta Q = C_V dT + \left\{\left(\frac{\partial U}{\partial V}\right)_T + P\right\}dV$$

となり,この式の両辺を dT で割って dV/dT を偏微分に書き直せば(V は P と T の二変数関数と考えているから),目的の式が得られる.

6.1

内積,なす角の順に示す.

(1) $3, \dfrac{\pi}{3}$ (2) $12, \dfrac{\pi}{6}$

(3) $-9, \dfrac{3}{4}\pi$

6.2

物質 A の拡散による流速は J_A/C_A [m/s] で表され,混合物の平均流速は v_m なので,物質 A の移動流速(v_A [m/s] とする)は次式で与えられる.

$$v_A = J_A/C_A + v_m$$

一方,物質 A の全物質量流束は,

$$N_A = v_A C_A$$

と考えられるので,この式に上の式の v_A を代入すれば,確かめるべき式が得られる.

7.1

(1) $\ln(1+x) = x - \dfrac{1}{2}x^2 + \dfrac{1}{3}x^3 - \cdots$
$\qquad\qquad + (-1)^{n-1}\dfrac{1}{n}x^n + \cdots$

(2) $\sin x = x - \dfrac{1}{3!}x^3 + \dfrac{1}{5!}x^5 - \cdots$
$\qquad\qquad + (-1)^n \dfrac{1}{(2n+1)!}x^{2n+1}$
$\qquad\qquad + \cdots$

(3) $\cos x = 1 - \dfrac{1}{2!}x^2 + \dfrac{1}{4!}x^4 - \cdots$
$\qquad\qquad + (-1)^n \dfrac{1}{(2n)!}x^{2n} + \cdots$

7.2

(1) $\ln x = (x-1) - \dfrac{1}{2}(x-1)^2 + \cdots$
$\qquad\qquad + (-1)^{n-1}\dfrac{1}{n}(x-1)^n + \cdots$

(2) $e^x = e + e(x-1) + \dfrac{1}{2!}e(x-1)^2$
$\qquad\qquad + \cdots + \dfrac{1}{n!}e(x-1)^n + \cdots$

7.3

$\dfrac{\partial^2 f}{\partial x^2}$

$= \dfrac{\partial}{\partial x}\left(\dfrac{\partial f}{\partial x}\right)$

$= \dfrac{\partial}{\partial x}\left\{\dfrac{f(x+\Delta x, y) - f(x, y)}{\Delta x}\right\}$

$= \dfrac{1}{\Delta x}\left\{\dfrac{\partial f(x+\Delta x, y)}{\partial x} - \dfrac{\partial f(x, y)}{\partial x}\right\}$

$= \dfrac{1}{\Delta x}\left\{\dfrac{f(x+\Delta x + \Delta x, y) - f(x+\Delta x, y)}{\Delta x}\right.$

$\qquad\left. - \dfrac{f(x+\Delta x, y) - f(x, y)}{\Delta x}\right\}$

$= \dfrac{f(x+2\Delta x, y) - 2f(x+\Delta x, y) + f(x, y)}{(\Delta x)^2}$

8.1

三次元空間の中に，各軸に平行な微小幅 Δx, $\Delta y, \Delta z$ の直方体状の微小空間を仮想すれば，微小空間の $\Delta y \Delta z$ 面に流入する流体と，その対面から流出する流体の質量速度は，それぞれ次式で与えられる．

$\Delta y \Delta z (\rho v_x)_x$

$\Delta y \Delta z (\rho v_x)_{x+\Delta x}$

$\qquad = \Delta y \Delta z (\rho v_x)_x + \Delta y \Delta z \left\{\Delta x \dfrac{\partial(\rho v_x)}{\partial x}\right\}$

同様に考えて，$\Delta z \Delta x$ 面および $\Delta x \Delta y$ 面に流入し，その対面から流出する流体の質量速度を求め，さらに微小空間に蓄積する流体の質量速度を，

$$\Delta x \Delta y \Delta z \dfrac{\partial \rho}{\partial t}$$

として，微小空間を流れる流体に質量保存の法則を適用すれば，次式が得られる．

$\Delta x \Delta y \Delta z \dfrac{\partial(\rho v_x)}{\partial x} + \Delta x \Delta y \Delta z \dfrac{\partial(\rho v_y)}{\partial y}$

$\qquad + \Delta x \Delta y \Delta z \dfrac{\partial(\rho v_z)}{\partial z} = -\Delta x \Delta y \Delta z \dfrac{\partial \rho}{\partial t}$

この式の両辺を $\Delta x \Delta y \Delta z$ で割れば，求めたい式が得られる．

8.2

関数 f の全微分を独立変数 x, y によって表す．

$$\mathrm{d}f = \dfrac{\partial f}{\partial x}\mathrm{d}x + \dfrac{\partial f}{\partial y}\mathrm{d}y \qquad (a)$$

関数 f は独立変数 r, θ の関数でもあるから，関数 f の全微分は次式で表すこともできる．

$$\mathrm{d}f = \dfrac{\partial f}{\partial r}\mathrm{d}r + \dfrac{\partial f}{\partial \theta}\mathrm{d}\theta \qquad (b)$$

ここで r, θ はいずれも独立変数 x, y の関数とみなすことができるので，r, θ の全微分は次式となる．

$$\mathrm{d}r = \dfrac{\partial r}{\partial x}\mathrm{d}x + \dfrac{\partial r}{\partial y}\mathrm{d}y$$

$$\mathrm{d}\theta = \dfrac{\partial \theta}{\partial x}\mathrm{d}x + \dfrac{\partial \theta}{\partial y}\mathrm{d}y$$

これらを式(b) に代入すれば次式が得られる.

$$df = \left(\frac{\partial f}{\partial r}\frac{\partial r}{\partial x} + \frac{\partial f}{\partial \theta}\frac{\partial \theta}{\partial x}\right)dx$$
$$+ \left(\frac{\partial f}{\partial r}\frac{\partial r}{\partial y} + \frac{\partial f}{\partial \theta}\frac{\partial \theta}{\partial y}\right)dy \qquad (c)$$

よって, 式(a) と式(c) を比較すれば, 求めたい偏微分が得られる.

9.1
双曲線関数の定義に従って導けばよい ((1) のみを証明し, あとは省略する).

(1) $\sinh(-x) = \dfrac{e^{-x} - e^{-(-x)}}{2}$
$= -\dfrac{e^x - e^{-x}}{2}$
$= -\sinh x$

9.2
(1) オイラーの公式と三角関数の加法定理を使う.

$e^{ix}e^{iy} = (\cos x + i\sin x)(\cos y + i\sin y)$
$= \cos(x+y) + i\sin(x+y)$
$= e^{i(x+y)}$

(2) (1) を用いる.
$(e^{ix})^n = (e^{ix})(e^{ix})\cdots(e^{ix})$
$= e^{i(x+x+\cdots+x)} = e^{inx}$

(3) オイラーの公式と (2) を用いる. すなわち,
$(e^{ix})^n = (\cos x + i\sin x)^n$
$e^{inx} = \cos nx + i\sin nx$

より, 目的の等式が得られる.

9.3
(C_1, C_2 は任意定数)
(1) $y = C_1 e^{2x} + C_2 e^{3x}$
(2) $y = (C_1 + C_2 x)e^{-3x}$
(3) $y = e^{-x}(C_1 \cos 2x + C_2 \sin 2x)$

10.1
(1) ラプラス変換の定義式と部分積分法を適用する.

$$F(s) = \int_0^\infty e^{-st} t\, dt$$
$$= \left[-\frac{1}{s}e^{-st}t\right]_0^\infty + \frac{1}{s}\int_0^\infty e^{-st}dt$$

この式の右辺第1項はロピタル (L'Hospital) の定理より 0 となり, 第2項の積分は $f(t) = 1$ のラプラス変換 $\boldsymbol{L}(1) = 1/s$ である. よって,

$$F(s) = \frac{1}{s}\frac{1}{s} = \frac{1}{s^2}$$

(2) オイラーの公式より, $\sin t$ は次式で表される.

$$\sin t = \frac{1}{2i}(e^{it} - e^{-it})$$

したがって, ラプラス変換の線形性と $e^{\alpha t}$ のラプラス変換 $\boldsymbol{L}(e^{\alpha t}) = 1/(s-\alpha)$ から,

$\boldsymbol{L}(\sin t) = \dfrac{1}{2i}\boldsymbol{L}(e^{it}) - \dfrac{1}{2i}\boldsymbol{L}(e^{-it})$
$= \dfrac{1}{2i}\dfrac{1}{s-i} - \dfrac{1}{2i}\dfrac{1}{s+i}$
$= \dfrac{1}{s^2+1}$

(3) ラプラス変換の定義式より,

$\boldsymbol{L}\{f(t-\mu)\} = \int_0^\infty e^{-st}f(t-\mu)dt$
$= \int_0^\infty e^{-s(\mu+\tau)}f(\tau)d\tau$
$\quad (t-\mu = \tau \text{ とおいた})$
$= e^{-\mu s}\int_0^\infty e^{-s\tau}f(\tau)d\tau$
$= e^{-\mu s}F(s)$

10.2
与えられた微分方程式の両辺をラプラス変換して線形性を使う.

$$\boldsymbol{L}\left\{\frac{d}{dt}x(t)\right\} + \boldsymbol{L}\{x(t)\} = \boldsymbol{L}(e^t)$$

原関数 $x(t)$ のラプラス変換を $\boldsymbol{L}\{x(t)\} = X(s)$ と書き, 上の式の左辺第1項に微分法則を適用し, 右辺はラプラス変換表を用いて変換する.

$$sX(s) - 1 + X(s) = \frac{1}{s-1}$$

$X(s)$ について整理し，得られた分数式を部分分数に分解する．

$$X(s) = \frac{s}{(s-1)(s+1)}$$
$$= \frac{1}{2}\left(\frac{1}{s-1} + \frac{1}{s+1}\right)$$

この式の両辺を逆ラプラス変換して線形性を利用する．

$$\boldsymbol{L}^{-1}\{X(s)\}$$
$$= \frac{1}{2}\left\{\boldsymbol{L}^{-1}\left(\frac{1}{s-1}\right) + \boldsymbol{L}^{-1}\left(\frac{1}{s+1}\right)\right\}$$

上の式の左辺を原関数に書き直し，右辺はラプラス変換表を用いて変換する．

$$x(t) = \frac{1}{2}(e^{t} + e^{-t})$$

10.3

式(a) の両辺をラプラス変換して，原関数の移動法則（演習 10.1 (3)）を右辺に適用する．

$$\boldsymbol{L}\{x(t)\} = \boldsymbol{L}\{y(t-\tau)\} = e^{-\tau s}\boldsymbol{L}\{y(t)\}$$

したがって，$G(s) = \dfrac{\boldsymbol{L}\{x(t)\}}{\boldsymbol{L}\{y(t)\}} = e^{-\tau s}$

11.1

二重円筒殻内の流体流れに対して，円柱座標系で表したナビエ-ストークスの運動方程式を適用し，不要な項を削除する．

$$\frac{d}{dr}\left(r\frac{dv_x}{dr}\right) = \frac{1}{\mu}\frac{dP}{dx}r$$

この微分方程式を解く．

$$v_x = \frac{1}{4\mu}\frac{dP}{dx}r^2 + C_1 \ln r + C_2$$

（C_1, C_2 は任意定数）

ここで，境界条件を「$r = aR$ のとき $v_x = 0$，$r = R$ のとき $v_x = 0$」と設定して任意定数 C_1, C_2 を求め，その C_1 と C_2 を上の式に代入して式を整理したあと，$dP/dx = -\Delta P/L$ とおけば目的の式が得られる．

12.1

弦の微小長さ ΔL を直線で近似すると，積分公式の中の被積分関数は定数とみなせるので，次式が成り立つ．

$$\Delta L = \sqrt{1 + \left(\frac{\partial u}{\partial x}\right)^2}\int_x^{x+\Delta x} dx$$
$$= \sqrt{1 + \left(\frac{\partial u}{\partial x}\right)^2}\Delta x$$

この式の $\sqrt{}$ の項をテイラー展開すると，微小長さ ΔL は，

$$\Delta L = \left\{1 + \frac{(1/2)}{1!}\left(\frac{\partial u}{\partial x}\right)^2 \right.$$
$$+ \frac{(1/2)(1/2 - 1)}{2!}\left(\frac{\partial u}{\partial x}\right)^4$$
$$\left. + \cdots\cdots\right\}\Delta x$$

となり，u が微小な変位であることを考えると，上式の { } 内の第 2 項以降は無視できる．よって，$\Delta L \fallingdotseq \Delta x$．

13.1

(1) $\dfrac{1}{2}(\ln x)^2$ （置換積分による）

(2) $\dfrac{1}{2}x^2 \ln x - \dfrac{1}{4}x^2$ （部分積分による）

(3) $\dfrac{51}{8}$ （部分積分のくり返しとロピタルの定理による）

13.2

ガウスの確率密度関数を変数変換して，ガウス積分を利用する．

$$\int_{-\infty}^{\infty} f(x) dx$$
$$= \frac{1}{\sqrt{2\pi}}\int_{-\infty}^{\infty} \exp\left(-\frac{t^2}{2}\right) dt$$
$$((x-\mu)/\sigma = t \text{ とおいた})$$
$$= \frac{2}{\sqrt{\pi}}\int_0^{\infty} \exp(-u^2) du$$
$$(t/\sqrt{2} = u \text{ とおき，偶関数の性質を利用)}$$

$$= \frac{2}{\sqrt{\pi}} \frac{\sqrt{\pi}}{2} = 1$$

13.3
標準化されたガウスの確率密度関数 $f(z)$ を，確率を表す $P(z)$ に適用して変数変換する．

$$P(z) = \int_{-z}^{z} \frac{h}{\sqrt{\pi}} \exp(-h^2 z^2) dz$$
$$= \frac{2}{\sqrt{\pi}} \int_0^z h \exp(-h^2 z^2) dz$$
（偶関数の性質を利用）

ここで，$hz = x$ と変数変換すると，
$$P(z) = \frac{2}{\sqrt{\pi}} \int_0^x \exp(-x^2) dx$$

14.1
(1) 関数 $f(x)$ は偶関数だから，フーリエ余弦級数を求める．
$$a_0 = \frac{2}{\pi} \int_0^\pi f(x) dx = \frac{2}{\pi} \int_0^\pi x\, dx$$
$$= \frac{2}{\pi} \left[\frac{x^2}{2} \right]_0^\pi = \pi$$

$n \geq 1$ のとき，
$$a_n = \frac{2}{\pi} \int_0^\pi f(x) \cos nx\, dx$$
$$= \frac{2}{\pi} \int_0^\pi x \cos nx\, dx$$
$$= \frac{2}{\pi} \left\{ \left[x \frac{1}{n} \sin nx \right]_0^\pi - \frac{1}{n} \int_0^\pi \sin nx\, dx \right\}$$
（部分積分による）
$$= -\frac{2}{n\pi} \left[-\frac{1}{n} \cos nx \right]_0^\pi$$
$$= -\frac{2}{n^2 \pi} \{1 - (-1)^n\}$$

したがって，
$$f(x) = \frac{\pi}{2} - \frac{2}{\pi} \sum_{n=1}^{\infty} \frac{1-(-1)^n}{n^2} \cos nx$$

(2) 得られたフーリエ余弦級数を展開する．

$$|x| = \frac{\pi}{2} - \frac{4}{\pi} \left(\cos x + \frac{1}{3^2} \cos 3x \right.$$
$$\left. + \frac{1}{5^2} \cos 5x + \cdots \cdots \right)$$

ここで，$x = 0$ とおく．
$$0 = \frac{\pi}{2} - \frac{4}{\pi} \left(1 + \frac{1}{3^2} + \frac{1}{5^2} + \cdots \cdots \right)$$

したがって，
$$\frac{1}{1^2} + \frac{1}{3^2} + \frac{1}{5^2} + \cdots\cdots = \frac{\pi^2}{8}$$

14.2
関数 $f(x)$ は奇関数だから，フーリエ正弦級数を求める．
$$b_n = \frac{2}{2} \int_0^2 f(x) \sin \frac{n\pi x}{2} dx$$
$$= \int_0^1 x \sin \frac{n\pi x}{2} dx$$
$$+ \int_1^2 (2-x) \sin \frac{n\pi x}{2} dx$$
$$= \left[x \frac{-2}{n\pi} \cos \frac{n\pi x}{2} \right]_0^1$$
$$- \int_0^1 \frac{-2}{n\pi} \cos \frac{n\pi x}{2} dx$$
$$+ \left[(2-x) \frac{-2}{n\pi} \cos \frac{n\pi x}{2} \right]_1^2$$
$$- \int_1^2 (-1) \frac{-2}{n\pi} \cos \frac{n\pi x}{2} dx$$
$$= \frac{-2}{n\pi} \cos \frac{n\pi}{2} + \left(\frac{2}{n\pi}\right)^2 \left[\sin \frac{n\pi x}{2} \right]_0^1$$
$$+ \frac{2}{n\pi} \cos \frac{n\pi}{2} - \left(\frac{2}{n\pi}\right)^2 \left[\sin \frac{n\pi x}{2} \right]_1^2$$
$$= \frac{8}{n^2 \pi^2} \sin \frac{n\pi}{2}$$

したがって，
$$f(x) = \frac{8}{\pi^2} \sum_{n=1}^{\infty} \frac{1}{n^2} \sin \frac{n\pi}{2} \sin \frac{n\pi x}{2}$$

14.3
与えられた偏微分方程式を変数分離法 ($u(x,t) = f(x)g(t)$) で解き，境界条件に着目すると次式が得られる（第15話参照）．た

だし，n は 0 および整数．
$$g(t) = C_1 \exp\left\{-\left(\frac{n\pi}{2}\right)^2 t\right\}$$
（C_1 は任意定数）
$$f(x) = C_2 \sin\frac{n\pi x}{2} \quad (C_2 \text{ は任意定数})$$

したがって，重ね合わせの原理を適用すれば，一つにまとめた一般解として，
$$u(x,t)$$
$$= \sum_{n=1}^{\infty} A_n \sin\frac{n\pi x}{2} \exp\left\{-\left(\frac{n\pi}{2}\right)^2 t\right\}$$
$$(C_1 C_2 = A_n \text{ とおいた}) \quad \text{(a)}$$

が得られ，式(a) に初期条件を適用すると次式が成り立つ．
$$u(x,0) = \sum_{n=1}^{\infty} A_n \sin\frac{n\pi x}{2} \quad \text{(b)}$$

ここで，$u(x,0)$ の定義式から，$u(x,0)$ は周期 4 の奇関数 $f(x)$ と考えることができる．
$$f(x) = \begin{cases} x & (0 \leq x < 1) \\ 2-x & (1 \leq x \leq 2) \end{cases}$$

そうすると式(b) は，$0 \leq x \leq 2$ における $f(x)$ のフーリエ正弦級数であり，A_n はそのフーリエ係数だから，次のように与えられる（演習 14.2 より）．
$$A_n = \frac{8}{n^2 \pi^2} \sin\frac{n\pi}{2}$$

よって，この A_n を式(a) に代入すれば，求める解 $u(x,t)$ が得られる．

15.1
関数 $f(x)$ は偶関数だから，フーリエ余弦変換を用いる．
$$F(\omega) = \sqrt{\frac{2}{\pi}} \int_0^{\infty} f(x) \cos\omega x \, dx$$
$$= \sqrt{\frac{2}{\pi}} \int_0^1 (1-x) \cos\omega x \, dx$$
$$= \sqrt{\frac{2}{\pi}} \left\{\left[\frac{1-x}{\omega} \sin\omega x\right]_0^1 + \frac{1}{\omega} \int_0^1 \sin\omega x \, dx\right\}$$
$$= \sqrt{\frac{2}{\pi}} \left[-\frac{\cos\omega x}{\omega^2}\right]_0^1$$
$$= \sqrt{\frac{2}{\pi}} \frac{1-\cos\omega}{\omega^2}$$

15.2
フーリエ変換の性質（相似性）を用いる．
$$\boldsymbol{F}\{\exp(-ax^2)\}$$
$$= \boldsymbol{F}\left[\exp\left\{-\frac{(\sqrt{2a}\,x)^2}{2}\right\}\right]$$
$$= \frac{1}{\sqrt{2a}} \exp\left\{-\frac{1}{2}\left(\frac{\omega}{\sqrt{2a}}\right)^2\right\}$$
$$= \frac{1}{\sqrt{2a}} \exp\left(-\frac{\omega^2}{4a}\right)$$

15.3
$u(x,t)$ の x についてのフーリエ変換を $U(\omega,t)$ とおき，与えられた偏微分方程式の両辺にフーリエ変換をほどこす（左辺に微分法則，右辺にフーリエ変換の定義を用いる）．
$$\boldsymbol{F}\left(\frac{\partial^2 u}{\partial x^2}\right) = (i\omega)^2 U(\omega,t) = -\omega^2 U(\omega,t)$$
$$\boldsymbol{F}\left(\frac{\partial u}{\partial t}\right) = \frac{1}{\sqrt{2\pi}} \int_{-\infty}^{\infty} \frac{\partial u}{\partial t} e^{-i\omega x} dx$$
$$= \frac{\partial}{\partial t} \frac{1}{\sqrt{2\pi}} \int_{-\infty}^{\infty} u(x,t) e^{-i\omega x} dx$$
$$= \frac{\partial U}{\partial t}$$

よって，与えられた偏微分方程式は U を未知数，t を変数とする一階微分方程式
$$\frac{dU}{dt} = -\omega^2 U$$

に変換されるので，その解は次式となる．
$$U(\omega,t) = P(\omega) \exp(-\omega^2 t) \quad \text{(a)}$$

ただし，$P(\omega)$ は $u(x,0) = p(x)$ のフーリエ変換である．ここで，式(a) の左辺をフーリエ変換の表示に書きかえる．
$$\boldsymbol{F}\{u(x,t)\} = P(\omega) \exp(-\omega^2 t) \quad \text{(b)}$$

一方，演習 15.2 より（$a = 1/(4t)$ とおいて），

$$F\left\{\exp\left(-\frac{x^2}{4t}\right)\right\} = \sqrt{2t}\,\exp\left(-\omega^2 t\right)$$

だから，

$$F\left\{\frac{1}{\sqrt{2t}}\exp\left(-\frac{x^2}{4t}\right)\right\} = \exp\left(-\omega^2 t\right)$$

となる．したがって，合成積の性質より次式が得られる．

$$F\left\{p(x) * \sqrt{\frac{1}{2t}}\exp\left(-\frac{x^2}{4t}\right)\right\}$$
$$= \sqrt{2\pi}\,P(\omega)\exp\left(-\omega^2 t\right)$$

すなわち，

$$F\left\{\frac{1}{2\sqrt{\pi t}}p(x)*\exp\left(-\frac{x^2}{4t}\right)\right\}$$
$$= P(\omega)\exp\left(-\omega^2 t\right) \qquad \text{(c)}$$

よって，式(b) と式(c) および合成積の定義式より，求めたい式が得られる．

$$u(x,t) = \frac{1}{2\sqrt{\pi t}}p(x)*\exp\left(-\frac{x^2}{4t}\right)$$
$$= \frac{1}{2\sqrt{\pi t}}$$
$$\times \int_{-\infty}^{\infty} p(x-\omega)\exp\left(-\frac{x^2}{4t}\right)d\omega$$

16.1

(1) 与えられた微分方程式の解を次の級数とおく．

$$y = a_0 + a_1 x + a_2 x^2 + \cdots\cdots$$
$$\quad + a_n x^n + \cdots\cdots$$

そうすると，dy/dx と d^2y/dx^2 は次のようになる．

$$\frac{dy}{dx} = a_1 + 2a_2 x + 3a_3 x^2 + \cdots\cdots$$
$$\quad + na_n x^{n-1} + \cdots\cdots$$

$$\frac{d^2y}{dx^2} = 2\cdot 1 a_2 + 3\cdot 2 a_3 x + 4\cdot 3 a_4 x^2 + \cdots\cdots$$
$$\quad + n(n-1)a_n x^{n-2} + \cdots\cdots$$

したがって，与えられた微分方程式より次の等式が得られる．

$$(1-x^2)\{2\cdot 1 a_2 + 3\cdot 2 a_3 x + 4\cdot 3 a_4 x^2$$
$$\quad + \cdots\cdots + n(n-1)a_n x^{n-2} + \cdots\cdots\}$$
$$\quad - 2x(a_1 + 2a_2 x + 3a_3 x^2 + \cdots\cdots$$
$$\quad + na_n x^{n-1} + \cdots\cdots)$$
$$\quad + 6(a_0 + a_1 x + a_2 x^2 + \cdots\cdots$$
$$\quad + a_n x^n + \cdots\cdots) = 0$$

この等式から，次の条件を満たすように係数を決めればよい．

定数項　　　　：$2\cdot 1 a_2 + 6a_0 = 0$
x の係数　　：$3\cdot 2 a_3 - 2a_1 + 6a_1 = 0$
x^2 の係数　：$4\cdot 3 a_4 - 2\cdot 1 a_2 - 2\cdot 2 a_2$
$\qquad\qquad\quad + 6a_2 = 0$
$\cdots\cdots$
x^n の係数：$(n+2)(n+1)a_{n+2}$
$\qquad\qquad\quad - n(n-1)a_n$
$\qquad\qquad\quad - 2na_n + 6a_n = 0$

上の関係から，次の漸化式が得られる．

$$a_{n+2} = \frac{(n+3)(n-2)}{(n+2)(n+1)}a_n$$

ここで，初期条件より $a_0 = 1$, $a_1 = 0$ となるので，上の一連の式（または漸化）より，

$$a_2 = -3,\ a_3 = a_4 = \cdots\cdots = 0$$

よって，求める特殊解は $y = 1 - 3x^2$．

(2) 解の形を次のような無限級数と仮定する．

$$y = a_0 + a_1 x + a_2 x^2 + a_3 x^3 + \cdots\cdots$$
$$= \sum_{i=0}^{\infty} a_i x^i$$

この式の両辺を x について 2 回微分する．

$$\frac{d^2y}{dx^2} = 2\cdot 1 a_2 + 3\cdot 2 a_3 x + \cdots\cdots$$
$$= \sum_{i=0}^{\infty} a_{i+2}(i+2)(i+1)x^i$$

したがって，y が与えられた微分方程式を満足するためには，次式が成り立たなければならない．

$$\sum_{i=0}^{\infty}\{a_{i+2}(i+2)(i+1) + a_i\}x^i = 0$$

この式は x についての恒等式だから，恒等式が成り立つためには x の係数はすべて 0 とならなければならない．すなわち，

$$a_{i+2} = -\frac{a_i}{(i+2)(i+1)}$$
$$(i = 0, 1, 2, \cdots\cdots)$$

これより，無限級数の係数は次のようになる．
$$a_2 = -\frac{a_0}{2\cdot 1}, \cdots\cdots, a_{2n} = (-1)^n \frac{1}{(2n)!} a_0$$
$$a_3 = -\frac{a_1}{3\cdot 2}, \cdots\cdots,$$
$$a_{2n+1} = (-1)^n \frac{1}{(2n+1)!} a_1$$

これらを，仮定したもとの級数解に代入する．
$$y = a_0 \sum_{n=0}^{\infty} (-1)^n \frac{1}{(2n)!} x^{2n}$$
$$+ a_1 \sum_{n=0}^{\infty} (-1)^n \frac{1}{(2n+1)!} x^{2n+1}$$

この式の右辺第1項の無限級数は $\cos x$，第2項の無限級数は $\sin x$ である（演習7.1の(2)と(3)より）．よって，求める一般解は，
$$y = a_0 \cos x + a_1 \sin x$$

16.2
(1) $x^2 = t$ と変数変換すれば，
$$\frac{dy}{dx} = \frac{dy}{dt}\frac{dt}{dx} = 2x\frac{dy}{dt}$$
$$\frac{d^2y}{dx^2} = \frac{d}{dx}\left(2x\frac{dy}{dt}\right) = 2\frac{dy}{dt} + 4x^2\frac{d^2y}{dt^2}$$

と表される．したがって，与えられた微分方程式は次式となる．
$$\frac{d^2y}{dt^2} + \frac{1}{t}\frac{dy}{dt} + \frac{t^2-n^2}{t^2}y = 0$$

よって，微分方程式の一般解は，
$$y = C_1 J_n(t) + C_2 J_{-n}(t)$$
$$= C_1 J_n(x^2) + C_2 J_{-n}(x^2)$$

(2) $y = xu$ と変数変換すれば，
$$\frac{dy}{dx} = u + x\frac{du}{dx}$$
$$\frac{d^2y}{dx^2} = \frac{d}{dx}\left(\frac{dy}{dx}\right)$$
$$= \frac{d}{dx}\left(u + x\frac{du}{dx}\right) = 2\frac{du}{dx} + x\frac{d^2u}{dt^2}$$

と表される．したがって，与えられた微分方程式は次式となる．

$$\frac{d^2u}{dx^2} + \frac{1}{x}\frac{du}{dx} + \frac{x^2-1}{x^2}u = 0$$

よって，微分方程式の一般解は，
$$u = C_1 J_1(x) + C_2 Y_1(x)$$ より，
$$y = x\{C_1 J_1(x) + C_2 Y_1(x)\}$$

16.3
(1) 熱の生成速度（発生熱量）R は，触媒層の発熱量と反応生成ガスによる対流伝熱量の和で与えられ，前者は題意より $c_0 + c_1 T$，後者は次のように求められる．すなわち，触媒反応器の中に軸方向 ΔL[m]，半径方向 Δr[m] の円筒状微小空間を仮定すると，この微小空間から単位時間あたりに発生する熱量 [J/s] は，
$$(2\pi r)\Delta r \Delta L \cdot ah(T_G - T)$$
となるから，微小体積 $(2\pi r)\Delta r \Delta L$ あたりの発生熱量（対流伝熱量）[J/m³·s] は，
$$ha(T_G - T)$$
となる．したがって，熱の生成速度 R は次のように表される（問題文中の式(b)）．
$$R = (c_0 + c_1 T) + ha(T_G - T)$$
$$= (c_1 - ha)T + (c_0 + haT_G)$$

(2) 式(d)で与えられた変数変換より，
$$\frac{dr}{dx} = \frac{1}{\sqrt{(c_1 - ha)/k}}$$
であるから，
$$\frac{dy}{dx} = \frac{dy}{dT}\frac{dT}{dr}\frac{dr}{dx} = \frac{1}{\sqrt{(c_1 - ha)/k}}\frac{dT}{dr}$$
$$\frac{d^2y}{dx^2} = \frac{d}{dr}\left(\frac{dy}{dx}\right)\frac{dr}{dx} = \frac{k}{c_1 - ha}\frac{d^2T}{dr^2}$$

となり，これらを式(c)に適用すれば次式が得られる．
$$\frac{c_1 - ha}{k}\frac{d^2y}{dx^2} + \frac{1}{r}\sqrt{\frac{k}{c_1 - ha}}\frac{dy}{dx}$$
$$+ \frac{c_1 - ha}{k}\left(y - \frac{c_0 + haT_G}{c_1 - ha}\right)$$
$$+ \frac{c_0 + haT_G}{k} = 0$$

この式の両辺を $(c_1 - ha)/k$ で割れば，式(e)が得られる．

(3) 式(e)は0次のベッセル微分方程式だから，その一般解は次式で与えられる．
$$y = C_1 J_0(x) + C_2 Y_0(x)$$
(C_1, C_2 は任意定数)

この一般解を変数変換の式(d)を用いてもとに戻せば，もとの微分方程式(c)の一般解は式(f)となる．

(4) 式(f)をrで微分して$r=0$とおくと，0次の第二種ベッセル関数$Y_0(r)$は無限の値になって，境界条件①を満たさないので，任意定数C_2はもともと$C_2 = 0$でなければならない．そこで$C_2 = 0$とおき，式(f)に境界条件②を適用すれば，任意定数C_1は次のように決まる．

$$C_1 = \frac{T_R + (c_0 + haT_G)/(c_1 - ha)}{J_0\{R_0\sqrt{(c_1 - ha)/k}\}}$$

このC_1を式(f)に代入すれば，温度分布を表す式(g)が得られる．

17.1

題意に従えば，半無次元化された熱伝導方程式の差分方程式は次式で与えられる．

$$\alpha \frac{1}{2}\left(\frac{u_{i+1,j+1} - 2u_{i,j+1} + u_{i-1,j+1}}{h^2} + \frac{u_{i+1,j} - 2u_{i,j} + u_{i-1,j}}{h^2}\right) = \frac{u_{i,j+1} - u_{i,j}}{k}$$

この式を変形して$\alpha k/h^2 = M$とおけば，目的の差分方程式が得られる．

索　引

あ 行

圧力　　*18, 41, 72*
圧力項　　*101, 109*
圧力勾配　　*101, 103, 105, 109*
アボガドロ（Avogadro）数　　*124, 127*
アントワン式　　*11*

一次近似　　*61, 62, 67, 72*
一次結合　　*78*
一次元　　*122, 133*
一次元拡散方程式　　*110, 131, 139, 145, 158, 164*
一次元熱伝導方程式　　*147*
一次元波動方程式　　*112, 115, 145, 146, 150, 153, 156*
一次の第一種ベッセル関数　　*168, 169*
一次反応　　*84, 91*
一次偏導関数　　*174*
一次偏微分項　　*179*
一変数関数　　*57, 81, 84*
一階微分方程式　　*121*
一般解　　*79, 80, 82, 88, 103, 118, 141, 151, 156, 161*
移動平板　　*104*

運動エネルギー　　*127*
運動方程式　　*114*
運動量　　*70*
運動量移動　　*70*

運動量移動の式　　*111, 116*
運動量濃度　　*49*
運動量流束　　*4, 48, 49, 70*

エチレン接触酸化反応　　*27*
エネルギー保存則　　*41*
演算子　　*51, 89, 147*
円周率　　*184*
エンタルピー　　*38*
エントロピー　　*12, 39*
円柱座標系　　*73, 74, 111, 158*

オイラー定数　　*162*
オイラー（Euler）の公式　　*77, 147, 148*
音速　　*127*
温度分布　　*80, 100*

か 行

回収部　　*187, 188*
階数　　*26, 28*
回分蒸留塔　　*187*
界面　　*5, 22*
界面張力　　*21*
外力　　*72*
ガウス積分　　*122, 123, 125, 129, 132*
化学ポテンシャル　　*58*
拡散係数　　*52, 64, 85, 111, 131, 133*
拡散項　　*69, 81, 91, 101*
拡散熱量流束　　*70*
拡散流束　　*48, 64, 66, 68, 87*

205

拡大係数行列　*26*	行基本変形　*26, 28*
確率　*124, 125*	行ベクトル　*26*
確率統計　*125*	境膜　*5, 22, 83*
確率密度関数　*123, 124*	境膜伝熱係数　*17, 22, 24, 81, 95*
重ね合わせの原理　*134, 135, 141, 156, 161, 167*	境膜熱移動係数　*22*
	境膜物質移動係数　*6, 17, 22*
加速度　*18*	行列　*25*
関数発生器　*97*	行列式　*32*
関数変換　*15, 88, 147, 157*	行列式の展開　*33*
慣性項　*101, 102, 106, 109*	極限値の概念　*186*
ガンマ関数　*161*	極座標　*123*
還流量　*188*	虚数単位　*77, 148*
	距離軸　*177*
規格化定数　*124*	金属塩　*83*
奇関数　*136, 138, 148, 150*	
きざみ幅　*177, 183, 189, 190*	偶関数　*136, 138, 148*
気体定数　*2, 13, 16, 58, 124, 128, 185*	空孔率　*85*
ギブズ自由エネルギー　*12, 38*	屈曲度　*85*
ギブズ自由エネルギー変化　*58*	クラウジウス-クラペイロンの蒸気圧式　*11*
ギブズ-ヘルムホルツ（Gibbs-Helmholtz）の式　*38, 58*	クラペイロン　*12*
基本行列式　*34*	クラメル（Cramer）法　*33*
基本次元　*18*	クランク-ニコルソン（Crank-Nicolson）法　*177*
基本単位　*2, 18*	
基本法則　*90, 91*	くり返し計算　*190*
逆関数　*13*	
逆ラプラス変換　*89, 93, 96*	係数行列　*28*
球殻状微小空間　*85*	決定方程式　*159, 160*
球形触媒　*172*	原関数　*89, 93*
球座標系　*73, 74, 111, 158*	
級数　*134*	格子間隔　*174, 176*
級数解　*159, 160, 161, 166*	格子群　*174*
級数解法　*159*	格子点　*174*
級数関数　*142, 168*	高次微分法則　*95*
級数式　*135, 141, 142, 143, 168*	合成関数　*137*
級数展開式　*129, 133*	合成積　*148*
境界条件　*82, 87, 92, 103, 119, 121, 130, 131, 139, 150, 153, 165, 167, 176*	恒等式　*17, 18, 20, 159*
	勾配　*50, 53*
境界条件の制約　*154*	国際単位系　*2*

誤差関数　　*122, 129, 132, 173*
固体触媒　　*83*
固定平板　　*104*

さ　行

細孔内有効拡散係数　　*85*
最小理論段数　　*186*
座標系　　*66*
差分近似　　*173, 174*
差分式　　*174*
差分方程式　　*173, 175, 176, 180*
サラス（Sarrus）の規則　　*33*
三角関数　　*143, 152, 163*
三角関数の性質　　*163*
三角級数　　*135*
三次元空間　　*46, 49, 52*
三次元座標　　*46*

時間軸　　*175, 177*
時間微分項　　*101, 102, 106, 109*
次元　　*18*
次元解析　　*17, 19*
次元式　　*18, 20, 21, 23*
指数関数　　*14, 79, 89, 122, 129*
自然数　　*135*
自然対数　　*10, 185*
自然対数の底　　*184*
質量流束　　*2, 48*
時定数　　*96*
自動制御システム　　*94*
シャルルの法則　　*15*
周期　　*135, 137, 147*
周期関数　　*137, 138*
従属変数　　*13, 78, 86, 91, 111, 115, 117, 173*
重力加速度　　*19, 21, 72*
重力項　　*101, 102, 106, 109*
重力場　　*50*
出力　　*94*

シュミット（Schmidt）法　　*173, 176, 178, 179, 182*
小行列式　　*33*
条件式　　*154, 155*
消失項　　*81, 92*
消失熱量　　*81*
状態量　　*41*
商の微分法　　*37, 39*
蒸発熱　　*58*
常用対数　　*10, 185*
初期条件　　*119, 121, 130, 131, 139, 150, 153, 165, 176*
初速度　　*149, 153*
振動　　*113, 146, 156*
振動解析　　*157*
シンプソンの積分式　　*190, 191*
シンプソン（Simpson）法　　*189, 190*

水素イオン濃度　　*9*
数値解法　　*173*
数値計算　　*142, 173*
数値積分　　*189*
スカラー　　*46, 48, 51, 54, 67, 68, 70, 71*
スカラー積　　*48*
スカラー場　　*50*
図上微分　　*12*
ステップ応答　　*96*
ステップ入力　　*96*

制御対象　　*94, 95, 97*
斉次　　*78*
斉次線形二階微分方程式　　*78*
斉次線形微分方程式　　*159, 172*
生成項　　*69, 81, 92*
生成速度　　*67, 69*
成分表示式　　*51*
正方行列　　*26, 31, 32*
積の微分法　　*37, 84*
積分曲線　　*191, 192*

積分区間　　189
積分調節計　　98
積分法則　　90, 98
0次の第一種ベッセル関数　　162, 167, 168
0次の第二種ベッセル関数　　162
0次のベッセル関数　　163
0次のベッセル微分方程式　　162, 166
全還流　　186, 187
線形　　78
線形結合　　26, 27
線形従属　　26
線形性　　90, 93, 148, 150
線形独立　　162
線形独立な解の性質　　161
線形二階微分方程式　　121
線形微分方程式　　94, 95
線形偏微分方程式　　134
前進型解法公式　　176
前進差分近似　　61, 174, 181
せん断応力　　4, 71
全変化　　44
線密度　　112, 114

総括物質移動係数　　6
像関数　　89, 93
双曲型の偏微分方程式　　112
双曲線関数　　77, 79, 83, 87
相似性　　148
相補誤差関数　　129
層流　　17, 100, 101, 105, 109
速度勾配　　109
速度分布　　100

た 行

第一種ベッセル関数　　161, 164
対数関数　　14, 38
代数式　　27
体積質量濃度　　48

体積モル濃度　　37, 52, 111
体積流束　　2
第二種ベッセル関数　　162, 166
対流運動量流束　　49, 71
対流項　　69, 81, 92, 101
対流質量流束　　48
対流熱量流束　　48, 70
対流流束　　48, 66, 68
楕円型の偏微分方程式　　112
棚段型向流ガス吸収塔　　29
単蒸留　　40, 44

力　　18, 114
置換積分　　123
蓄積項　　69, 81, 92, 101
中心差分近似　　61, 174, 180
張力　　112, 113, 114
直線分布　　105
直交関数系　　156
直交座標　　67, 123
直交座標系　　73, 110, 158

定常状態　　37, 63, 80, 83, 84, 91, 95, 101,
　　　　105, 112, 187
定数関数　　142
定数係数斉次線形二階微分方程式　　82, 86,
　　　　92, 118, 140, 145, 151, 153, 172
定積分　　88, 135, 138, 143, 147
底の変換公式　　10
テイラー展開　　57, 60, 114
伝達関数　　88, 95, 96, 97
電場　　50

導関数　　10, 36, 82
動粘度　　111, 133
等比数列　　32
特殊解　　82, 87, 88, 94, 103, 132, 142, 143,
　　　　167
特性方程式　　79, 82

独立変数　　13, 78, 117, 119, 120, 173

な 行

内積　　47, 53, 54
内部エネルギー　　41, 122, 127, 128
ナビエ-ストークス（Navier-Stokes）の運動方程式　　73, 101, 104, 105
波の速度　　113, 146

二階微分方程式　　79
二次関数　　13
二次近似　　63
二次元クエット流れ　　104
二次元定常式　　176
二次元平面　　174
二次元ポアズイユ流れ　　103, 105
二次導関数　　82
二次微分係数　　61, 180
二次微分法則　　90, 93
二次偏導関数　　174
二次偏微分項　　179, 180
二重境膜説　　5
二乗平均速度　　125, 127, 128
二変数関数　　42, 51, 174
入力　　94
ニュートン（Newton）の粘性法則　　71
任意定数　　82, 102, 103, 140, 143

ヌッセルト（Nusselt）数　　24

熱移動　　53, 69, 81, 173
熱移動の式　　111, 115
熱拡散係数　　54, 111, 133, 139, 144, 158, 165, 170, 175, 177, 179, 182
熱収支　　70, 95
熱伝導方程式　　157, 173, 175, 179, 181
熱力学第一法則　　41
熱量速度　　69, 81

熱量濃度　　49, 53, 69
熱量流束　　48, 70
粘性項　　101, 102, 106
粘性流　　100, 103, 107

濃縮部　　187, 188
濃度分布　　5, 63, 83, 91, 100, 172

は 行

ハイパボリックコサイン　　77
ハイパボリックサイン　　77
ハイパボリックタンジェント　　77
ハーゲン-ポアズイユ（Hagen-Poiseuille）流れ　　105, 108, 109
発散　　50, 53, 54
波動方程式　　112, 157
反転公式　　148, 152
反応消失量　　85
反応成分　　83, 84, 85
繁分数式　　4, 7
半無限領域　　130, 146
半無次元化　　175, 179
半無次元化一次元拡散方程式　　116
非圧縮性流体　　55, 75, 100, 102, 107
微小円筒空間　　73
微小球殻　　74
微小空間　　52, 53, 54, 63, 66, 67, 72, 103
微小量　　40, 41, 42, 43, 59, 61
非斉次　　78
被積分関数　　126
非線形　　78
非定常状態　　66, 69
一つの解　　167
比表面積　　85
微分　　50, 57
微分係数　　60
微分調節計　　98

209

微分法則　　90, 98, 148, 150
微分方程式　　37, 65, 76, 83, 91
比例感度　　98
比例式　　4, 7
比例・積分・微分調節計　　98
比例調節計　　98

ファン・デル・ワールス（Van der Waals）状態方程式　　186
フィック（Fick）の法則　　64, 68
フィードバック制御　　97
複素形フーリエ級数　　147
物質移動　　52, 66, 84, 91
物質移動の式　　110, 115
物質移動流束　　5
物質収支　　44, 63, 186, 188
物質収支式　　29, 40
物質量速度　　52, 63, 67, 85
物質量流束　　48, 63, 67
沸点上昇　　58
不定積分　　89
部分積分　　123
部分分数に分解　　93
プラントル（Prandtl）数　　24
フーリエ逆変換　　147
フーリエ級数　　135, 136, 137, 138, 142, 146
フーリエ係数　　135, 136, 137, 138
フーリエ正弦級数　　136, 138, 142, 157
フーリエ正弦変換　　148, 150, 151, 152
フーリエの積分定理　　147, 148
フーリエの法則　　70
フーリエ反転公式　　147
フーリエ変換　　146, 147, 150, 151, 157
フーリエ変換法　　117, 146
フーリエ余弦級数　　136, 138
フーリエ余弦変換　　148
分散と平均　　125

平均速度　　122, 125, 126

平衡関係　　6, 7, 29
べき級数　　59
壁面の方程式　　109
ベクトル　　46, 51, 67, 68, 70, 71
ベクトル成分表示　　48, 52
ベクトル場　　50
ベッセル関数　　163, 170, 173
ベッセル関数の直交性　　164, 168
ベッセル（Bessel）微分方程式　　119, 159, 161, 170, 172
変位　　112, 113, 146, 149, 150, 153
変化率　　36
変化量　　36, 39, 40, 42, 43, 56
変形シュミット法　　182, 183
変数結合法　　117, 131, 146
変数分離形微分方程式　　13, 118, 140, 158, 165
変数分離法　　117, 140, 145, 146, 153, 157, 158, 165
変数変換　　86, 115, 116, 123, 131, 139, 165, 166, 172
偏導関数　　42, 43
偏微分係数　　68, 72, 174
偏微分方程式　　76, 100, 102, 106, 173

ボイル-シャルルの法則　　15
ボイルの法則　　15
放物型の偏微分方程式　　111
ボルツマン（Boltzmann）定数　　124, 127

ま 行

マクスウェル（Maxwell）の速度分布　　124, 125, 128
マクローリン展開　　57, 59, 77, 129, 184

未定方程式　　17, 21, 23

無限級数　　142, 156, 173, 184

無限積分　　　122, 132
無限べき級数　　56
無次元温度　　　139, 144, 165, 169, 170, 175, 179, 182
無次元化　　　115, 116, 119, 121, 131, 139, 164
無次元距離　　　116, 131, 139, 165
無次元時間　　　116, 131, 139, 144, 165, 169, 170
無次元積　　　17, 21, 22, 24
無次元独立変数　　131
無次元濃度　　　131
無次元半径　　　169
無次元量　　　115, 116, 119, 139
無理関数　　　13
無理数　　　184

モジュラス　　　176, 177, 179, 182

や 行

有限領域　　　146

溶液　　　58
溶質　　　58
溶媒　　　58
余行列式　　　34
余誤差関数　　　129, 132

ら 行

ラプラス変換　　　88, 89, 93, 95, 96, 147
ラプラス変換表　　　89, 91, 94
ラプラス変換法　　　90, 93, 117, 146, 150
ラプラス方程式　　　112, 145, 157, 176
乱流　　　17

離散解　　　134, 155, 156
理想気体　　　12, 127, 185
理想気体の状態方程式　　　16, 185
理想溶液　　　58
流速の勾配　　　107
流速分布　　　100, 104, 107
量論係数　　　27
量論式　　　27
理論段数　　　32

ルンゲ-クッタの公式　　　190, 191, 192
ルンゲ-クッタ（Runge-Kutta）法　　　189, 190

レイノルズ数　　　17, 24
レイリー（Rayleigh）の式　　　40
列ベクトル　　　26, 34
連続蒸留塔　　　186, 187
連続の式　　　54, 55, 75, 100, 102
連立一次方程式　　　26, 33

執筆者紹介

相良　紘（さがら　ひろし）
1964年　早稲田大学第一理工学部数学科卒業
同　年　日本揮発油株式会社（現日揮株式会社）入社
1990年　同社技術研究所長
1993年　同社参与 エンジニアリング要素技術開発部長
1999年　国立宮城工業高等専門学校理数科教授
2004年　同校定年退官
その後　法政大学環境応用化学科など3大学5学科1専攻科
　　　　の非常勤講師を経て，現在フリー

工学博士（東北大学）

化学工学のための数学の使い方

平成26年9月10日　発　行

編　者　公益社団法人　化　学　工　学　会

発行者　池　田　和　博

発行所　丸善出版株式会社
　　　　〒101-0051　東京都千代田区神田神保町二丁目17番
　　　　編集：電話(03)3512-3263／FAX(03)3512-3272
　　　　営業：電話(03)3512-3256／FAX(03)3512-3270
　　　　http://pub.maruzen.co.jp/

© The Society of Chemical Engineers, Japan, 2014
組版印刷・株式会社 精興社／製本・株式会社 松岳社
ISBN 978-4-621-08850-0 C 3058　　　　　Printed in Japan

本書の無断複写は著作権法上での例外を除き禁じられています．